"十四五"时期国家重点出版物出版专项规划项目

近场MIMO阵列成像

李世勇 赵国强 王硕光 孙厚军 / 著

北京理工大学出版社
BEIJING INSTITUTE OF TECHNOLOGY PRESS

内 容 简 介

本书主要以毫米波近场人体安检成像为应用背景，研究了基于 MIMO 阵列的毫米波近场成像技术。主要讨论了不同 MIMO 结构的成像体制与成像算法，并探讨了阵列的稀疏优化设计问题。

本书适于微波成像相关领域的科研人员参考使用，也可作为相关专业的研究生教学和参考资料。

版权专有　侵权必究

图书在版编目（CIP）数据

近场 MIMO 阵列成像 / 李世勇等著. －－ 北京：北京理工大学出版社，2023.8
　　ISBN 978－7－5763－2786－1

Ⅰ.①近… Ⅱ.①李… Ⅲ.①微波成像－成像处理
Ⅳ.①TN911.73

中国国家版本馆 CIP 数据核字（2023）第 155866 号

责任编辑：王玲玲　　　**文案编辑**：王玲玲
责任校对：刘亚男　　　**责任印制**：李志强

出版发行 /	北京理工大学出版社有限责任公司
社　　址 /	北京市丰台区四合庄路 6 号
邮　　编 /	100070
电　　话 /	（010）68944439（学术售后服务热线）
网　　址 /	http://www.bitpress.com.cn

版 印 次 /	2023 年 8 月第 1 版第 1 次印刷
印　　刷 /	保定市中画美凯印刷有限公司
开　　本 /	710 mm × 1000 mm　1/16
印　　张 /	11
彩　　插 /	10
字　　数 /	215 千字
定　　价 /	76.00 元

图书出现印装质量问题，请拨打售后服务热线，负责调换

PREFACE 前言

  毫米波成像包括主动与被动两种方式，本书主要讨论前者。主动式毫米波成像通过发射宽带电磁波及利用大阵列孔径来获取目标散射系数的三维高分辨空间分布，已被广泛应用于遥感遥测、目标特性测试、无损检测、自动驾驶及生物医学检测等领域。由于毫米波成像具有高分辨率及非电离特性，并且具有一定穿透性，因此，在人员安全检查方面也具有广阔的应用前景。

  综合考虑成本与时间因素，毫米波成像所需的天线孔径通常由一维天线阵列结合机械扫描形成。天线阵列可以设计为单站形式或 MIMO（Multiple – Input Multiple – Output）形式。MIMO 天线阵列由于利用了发射与接收之间的任意组合数据，从而形成多于实际天线单元的等效相位中心。相比单站形式，MIMO 进一步减少了系统成本，因而促进了全电扫描成像系统的开发与应用。此外，MIMO 阵列成像还可以减少图像中的鬼影现象，近年来获得了广泛关注与研究。

  本书主要讨论了基于 MIMO 阵列的毫米波近场成像技术。"近场"在本书中指如下情形：目标位于天线单元的远区，但二者之间的距离小于 $2D^2/\lambda$，其中，D 为目标的最大横向尺寸，λ 为电磁波波长。第 1 章介绍了毫米波成像原理，从麦克斯韦方程组出发，得出了散射场与目标散射系数之间的常用函数关系。第 2 章介绍了直线 MIMO – SAR 成像技术，并分析了对阵列欠采样数据的处理技术。针对直线 MIMO 观测角度受限的问题，第 3 章研究了弧线 MIMO – SAR 成像技术，并给出了相应的波数域成像算法。然而，与直线阵列相比，弧线 MIMO – SAR 的加工难度更大，因此，

第 4 章研究了折线 MIMO-SAR 成像技术。折线 MIMO-SAR 结合了直线与弧线阵列的优势，在保证为被检人员提供大角度观测的同时，其加工难度与直线阵列保持相同。在上述关于 MIMO-SAR 体制成像研究的基础上，第 5、6 章讨论了全电扫描 MIMO 成像技术。其中，第 5 章分析了平面 MIMO 阵列成像技术，并探讨了一种改进的距离徙动成像算法，消除了经典算法中的高维运算。第 6 章研究了具有柱面孔径的 MIMO 阵列成像技术，并给出了两种相应的成像方法。第 7 章讨论了稀疏 MIMO 阵列设计的问题，给出了一种基于凸优化的阵列综合设计方法。

  本书的研究工作得到了国家自然科学基金项目"近场稀疏 MIMO 面阵三维毫米波成像技术研究"（项目批准号：61771049）的资助，以及毫米波与太赫兹技术北京市重点实验室提供的平台支撑。本书的撰写和出版得到了"十四五"国家重点出版物出版专项规划项目"复杂电子信息系统基础理论与前沿技术丛书"的资助。研究生黄一心协助对本书文稿进行了校对，作者在此表示由衷的感谢。

  本书大部分内容是作者近年来在毫米波成像领域研究工作的总结，部分内容还在不断完善与发展之中。考虑到作者水平有限，书中必定存在不足之处，恳请读者批评指正。

作者

目 录
CONTENTS

第 1 章 毫米波成像原理 ········· 1
1.1 引言 ········· 1
1.2 麦克斯韦方程组 ········· 1
1.3 波动方程 ········· 2
1.4 逆散射问题 ········· 3
1.5 成像的基本概念与方法 ········· 5
1.6 MIMO 阵列成像 ········· 7
1.7 本章小结 ········· 9
参考文献 ········· 9

第 2 章 直线 MIMO-SAR 成像 ········· 12
2.1 引言 ········· 12
2.2 MIMO 成像原理 ········· 12
2.3 直线 MIMO-SAR 波数域成像算法 ········· 14
2.4 MIMO 阵列频谱混叠分析 ········· 19
 2.4.1 基于离散时间傅里叶变换的频谱混叠分析 ········· 19
 2.4.2 MIMO 直线阵列的频谱混叠示例 ········· 21
2.5 关键性能参数分析 ········· 27
 2.5.1 采样准则分析 ········· 27
 2.5.2 分辨率分析 ········· 29
2.6 数值仿真实验 ········· 30

2.7 本章小结 ························· 32
参考文献 ·························· 33

第3章 弧线 MIMO–SAR 成像 ················· 35
3.1 引言 ··························· 35
3.2 弧线 MIMO–SAR 波数域成像算法 ············· 35
3.3 关键性能参数分析 ···················· 43
   3.3.1 采样准则分析 ··················· 43
   3.3.2 分辨率分析 ···················· 44
   3.3.3 解卷积分析 ···················· 45
3.4 数值仿真实验 ······················ 48
3.5 实测数据实验 ······················ 53
3.6 本章小结 ························ 54
参考文献 ·························· 55

第4章 折线 MIMO–SAR 成像 ················· 56
4.1 引言 ··························· 56
4.2 折线 MIMO–SAR 时频域混合成像技术 ··········· 57
   4.2.1 折线 MIMO–SAR 时频域混合成像算法 ········ 57
   4.2.2 关键性能参数分析 ················· 60
   4.2.3 数值仿真实验 ··················· 66
   4.2.4 实测数据实验 ··················· 74
4.3 折线 MIMO–SAR 等效波数域成像技术 ··········· 77
   4.3.1 折线 MIMO–SAR 等效波数域成像算法 ········ 78
   4.3.2 折线–弧线变换误差分析 ·············· 83
   4.3.3 数值仿真实验 ··················· 87
   4.3.4 实测数据实验 ··················· 92
4.4 本章小结 ························ 93
参考文献 ·························· 93

第5章 平面 MIMO 阵列成像 ················· 95
5.1 引言 ··························· 95
5.2 平面 MIMO 阵列成像技术 ················ 95
   5.2.1 平面 MIMO 阵列距离徙动算法 ··········· 96
   5.2.2 关键性能参数分析 ················· 98
5.3 平面 MIMO 阵列快速成像技术 ·············· 99

  5.3.1　高效率平面 MIMO 阵列快速成像算法 …………………………… 99
  5.3.2　关键性能参数分析 ……………………………………………………… 105
  5.3.3　数值仿真实验 …………………………………………………………… 108
  5.3.4　实测数据实验 …………………………………………………………… 113
 5.4　本章小结 …………………………………………………………………………… 116
 参考文献 ………………………………………………………………………………… 117

第6章　柱面 MIMO 阵列成像 …………………………………………………… 118
 6.1　引言 ………………………………………………………………………………… 118
 6.2　柱面 MIMO 阵列波数域成像技术 ……………………………………………… 118
  6.2.1　柱面 MIMO 波数域成像算法 ………………………………………… 118
  6.2.2　关键性能参数分析 ……………………………………………………… 126
  6.2.3　数值仿真实验 …………………………………………………………… 127
 6.3　柱面多子阵 MIMO 快速成像技术 ……………………………………………… 131
  6.3.1　柱面多子阵 MIMO-SISO 变换 ……………………………………… 132
  6.3.2　基于参考点的相位补偿方法误差分析 ………………………………… 133
  6.3.3　基于子阵中心的多参考点相位补偿及成像算法 ……………………… 135
  6.3.4　约束条件分析 …………………………………………………………… 137
  6.3.5　数值仿真实验 …………………………………………………………… 138
 6.4　本章小结 …………………………………………………………………………… 144
 参考文献 ………………………………………………………………………………… 145

第7章　稀疏 MIMO 阵列设计 …………………………………………………… 146
 7.1　引言 ………………………………………………………………………………… 146
 7.2　稀疏 MIMO 阵列综合模型构造 ………………………………………………… 147
 7.3　稀疏 MIMO 阵列参考成像模式设置 …………………………………………… 151
 7.4　最小阵元间距约束 ………………………………………………………………… 152
 7.5　实验验证 …………………………………………………………………………… 154
  7.5.1　数值仿真实验 …………………………………………………………… 154
  7.5.2　实测数据实验 …………………………………………………………… 159
 7.6　本章小结 …………………………………………………………………………… 164
 附录　引理1的证明 …………………………………………………………………… 164
 参考文献 ………………………………………………………………………………… 165

第 1 章
毫米波成像原理

1.1 引言

本书主要讨论主动式毫米波成像技术,其通过发射宽带电磁波及利用大阵列孔径来获取目标散射系数的三维高分辨空间分布。主动式毫米波成像具有环境适应性强、图像对比度高等优点,已被广泛应用于遥感遥测[1]、目标特性测试[2,3]、无损检测[4]、穿墙成像[5]及自动驾驶[6]等领域。由于毫米波成像具有高分辨率及非电离特性,并且具有一定穿透能力,因此,在人员安全检查方面也具有广阔应用前景[7-9]。本书主要以人员安检为应用背景,研究基于多输入多输出(MIMO)阵列的毫米波成像技术。当然,相关内容也可推广至其他相关领域。

在相同阵列尺寸条件下,与单站阵列相比,MIMO 系统的成本更低,从而促进了全电扫描成像技术的开发与应用。此外,MIMO 阵列成像还可降低图像中的鬼影现象[10],近年来获得了广泛关注与研究。然而,MIMO 成像技术也具有明显的缺点,即成像算法的复杂度变高。因此,对高效率算法的研究也更为迫切。

本章主要介绍毫米波成像的基本原理,从麦克斯韦方程组出发,得出了散射场与目标函数之间的关系式,并介绍了常用的线性近似模型,最后引入了 MIMO 阵列成像技术。

1.2 麦克斯韦方程组

电磁波传播的一切宏观现象(除掉受力问题)均可由麦克斯韦方程组进行描述。这组方程是由英国物理学家詹姆斯·克拉克·麦克斯韦(James Clerk Maxwell)于 1861—1865 年间发表的一系列论文及著作中陆续给出的。今天我们熟悉的矢量形式麦克斯韦方程组是由英国物理学家奥利弗·亥维赛(Oliver Heaviside)于 1884 年完成的[11]。

麦克斯韦方程组描述了宏观电磁波的传播特性，其复矢量的微分形式可以表示为如下四个方程及三个本构方程[12]。

$$\begin{aligned} \nabla \times \boldsymbol{H} &= \boldsymbol{J} + j\omega \boldsymbol{D} \\ \nabla \times \boldsymbol{E} &= -j\omega \boldsymbol{B} \\ \nabla \cdot \boldsymbol{D} &= \rho \\ \nabla \cdot \boldsymbol{B} &= 0 \end{aligned} \quad (1.1)$$

$$\begin{aligned} \boldsymbol{D} &= \varepsilon \boldsymbol{E} \\ \boldsymbol{B} &= \mu \boldsymbol{H} \\ \boldsymbol{J} &= \sigma \boldsymbol{E} \end{aligned} \quad (1.2)$$

式中，$\boldsymbol{E}$ 表示电场强度复矢量；$\boldsymbol{D}$ 称为电通量密度或电位移复矢量；$\boldsymbol{H}$ 为磁场强度复矢量；$\boldsymbol{B}$ 为对应的磁感应强度复矢量；$\boldsymbol{J}$ 表示电流密度复矢量；ρ 为电荷密度；参数 ε、μ、σ 分别表示媒质的介电常数、磁导率及电导率。

在本书中，瞬时矢量与复矢量之间的关系满足：$\boldsymbol{E}(\boldsymbol{r},t) = \mathrm{Re}[\boldsymbol{E}(\boldsymbol{r})\mathrm{e}^{j\omega t}]$，式中，Re 表示取实运算；$j = \sqrt{-1}$；$\boldsymbol{r}$ 为表示空间位置的矢量；ω 表示电磁场振荡的角频率。在后续中，如不特别指出，则将复矢量简称为矢量。

在上述矢量场中，电场和磁场的基本矢量为 $\boldsymbol{E}$ 和 $\boldsymbol{B}$，为了使得存在媒质时，麦克斯韦方程组与真空中保持相同形式，引入 $\boldsymbol{D}$ 和 $\boldsymbol{H}$。因此，$\boldsymbol{D}$ 与 $\boldsymbol{H}$ 中隐含了媒质特性。注意，式（1.2）所描述的本构关系在某些情况下可能会变得不正确，如当 $\boldsymbol{E}$ 变得太大时，这种正比关系就不再存在；某些特殊物质甚至在相对弱的电场下，也不满足上述正比关系（磁介质的本构关系也如此）。而 $\boldsymbol{J} = \sigma \boldsymbol{E}$ 的关系则适用范围更广[12]。

麦克斯韦方程组描述了场与源之间的变化关系，包含了完整的宏观电磁场经典理论[13]。

1.3 波动方程

在解决具体问题时，可以通过求解麦克斯韦方程组来获得其中电场与磁场的变化规律。但是直接求解方程组有时会较为复杂，因此，实际中一般是求解本节介绍的波动方程。

在各向同性媒质中，化简式（1.1）与式（1.2），可得以下矢量微分方程[14]

$$\nabla \times \frac{1}{\mu} \nabla \times \boldsymbol{E} - \omega^2 \varepsilon \boldsymbol{E} = -j\omega \boldsymbol{J} \quad (1.3)$$

$$\nabla \times \frac{1}{\varepsilon} \nabla \times \boldsymbol{H} - \omega^2 \mu \boldsymbol{H} = \nabla \times \frac{1}{\varepsilon} \boldsymbol{J} \tag{1.4}$$

分别称为电场与磁场的矢量波动方程。

在无源均匀媒质区域 ($\rho = 0$)①,以上两式可简化为

$$\nabla^2 \boldsymbol{E} + k^2 \boldsymbol{E} = 0 \tag{1.5}$$

$$\nabla^2 \boldsymbol{H} + k^2 \boldsymbol{H} = 0 \tag{1.6}$$

基于辅助位函数与场量之间的关系,还可以得出位函数满足的波动方程,如下所示[12]

$$\nabla^2 \boldsymbol{A} + k^2 \boldsymbol{A} = -\mu \boldsymbol{J} \tag{1.7}$$

$$\nabla^2 U + k^2 U = -\frac{\rho}{\varepsilon} \tag{1.8}$$

式中,$\boldsymbol{A}$ 表示动态磁矢位,满足 $\boldsymbol{B} = \nabla \times \boldsymbol{A}$ 及 $\nabla \cdot \boldsymbol{A} = -\mathrm{j}\omega\mu\varepsilon U$;$U$ 为动态电位,满足 $\boldsymbol{E} = -\nabla U - \mathrm{j}\omega \boldsymbol{A}$;另外,有 $k^2 = \omega^2 \mu \varepsilon$,$k$ 称为波数。

很多情况下,求解位函数满足的波动方程更简单一些。特别是解决辐射等有源问题时,更需要利用位函数的波动方程(又称为达朗贝尔方程)。

由上述表达式可见,波动方程可以简化电磁波的数学表示,提供了比麦克斯韦方程组更直观和更具物理意义的电磁波行为的表示。

1.4 逆散射问题

电磁波在电磁参量 (ε, μ)② 发生突变的分界面处会发生反射(也可称为散射)与折射,而毫米波成像或更普遍的电磁波成像关注的是散射场与物体(本书不考虑利用物体自身辐射场进行成像的问题)之间的关系,目的是从散射场中反演出目标信息,也称为逆散射问题。本节仅讨论感兴趣目标存在于自由空间的情况。

对于逆散射问题,要首先得出散射场与目标之间的关系。从电磁场的角度,任何媒质都可以由 (ε, μ) 来描述,考虑如图 1.1 所示情况,其中,入射场由电流源 $\boldsymbol{J}$ 产生。

图 1.1　电流源在目标附近的辐射[14]

---

① 传导电流 $\boldsymbol{J} = \sigma \boldsymbol{E}$ 由电场产生,因此不属于源电流。
② 此处考虑 (ε, μ) 为复参数,其中,复电容率 ε 内包含了电导率 σ。

利用并矢格林函数 $\bar{G}(r,r')$①，求解矢量波动方程（1.3），则可获得关于 r 处的总场 $E(r)$ 的表达式[14]

$$E(r) = E_{\text{inc}}(r) + \int_V \bar{G}(r,r') \cdot O(r') E(r') \mathrm{d}r' \quad (1.9)$$

上式为一体积分方程②。式中，$E_{\text{inc}}(r)$ 表示入射场；$O(r') = \omega^2 \mu \varepsilon(r') - \omega^2 \mu_0 \varepsilon_0$，反映了目标的分布情况，且假定 μ 为常数。

逆散射（或成像）问题的任务就是从式（1.9）中求解出目标函数 $O(r)$。由于式（1.9）的积分项内包含 $E(r)$，所以上述积分方程是 $O(r)$ 的非线性泛函。该非线性关系是由于感应的极化电流（对于导体目标，则为感应的传导电流）互相作用产生的结果，同时是一种多次散射效应。非线性关系的存在增加了目标 $O(r)$ 的反演难度，在实际中一般引入线性化近似，以简化求解。常用的线性化方法包括波恩（Born）近似和里托夫（Rytov）近似。其中，波恩近似在处理式（1.9）内积分项时，利用了 $E(r') \approx E_{\text{inc}}(r')$，也就假定散射场远小于入射场。此时散射场可表示为

$$E_{\text{sca}}(r) = \int_V \bar{G}(r,r') \cdot O(r') E_{\text{inc}}(r') \mathrm{d}r' \quad (1.10)$$

式中，$E_{\text{sca}}(r) = E(r) - E_{\text{inc}}(r)$。这样，$E_{\text{sca}}(r)$［或 $E(r)$］与 $O(r')$ 已经变成了线性关系。

里托夫近似则是将相位的微扰近似为目标的线性泛函，两种方法在弱散射场情况下会趋于相同。关于两种近似的详细讨论及适用条件，读者请参考文献［14］第8、9章内容。

另外，线性化方法是使用高频电磁波，高频波在介质中传播与射线类似，因此可以得到场的相移和幅度衰减与物体性质之间的近似线性关系。其实这里电磁波频率的高低是相对于物体尺寸而言的，如果物体尺寸与电磁波波长相比大得多（电大尺寸目标），则满足高频波线性近似关系。在高频近似下，物体可等效为散射中心模型，即多个无方向性点目标的组合，每个散射中心（或简称散射点）对电磁波的散射都是独立的，仅与该散射点处的入射波有关（即仅发生一次直接反射），而与其他散射点的散射能量无关。因此，物体的

---

① 点源（δ 函数）的标量波动方程对应的解称为格林函数；相应的，对于矢量波动方程，此时的格林函数变为一个并矢，满足：$\nabla \times \mu^{-1} \nabla \times \bar{G}(r,r') - \omega^2 \varepsilon \bar{G}(r,r') = \mu^{-1} \bar{I} \delta(r-r')$。

注：并矢是一个 3×3 矩阵，其将一个矢量变为另一个矢量。详细内容请参考文献［14］。

② 当待求的未知量隐含于积分内时，这样的方程称为积分方程。

总散射场近似为各个散射中心散射场的线性叠加。并且，在电大尺寸目标情况下，导体目标的散射也满足上述关系。在假定入射波由某种点源产生的情况下，波恩近似得到的散射场与上述高频波散射模型形式相同[14]。

在雷达成像领域，绝大多数研究均采用上述波恩近似或高频波线性模型。因此，只要求得并矢格林函数，则利用式（1.10）即可反演出目标函数$O(r)$。显然，这种线性近似忽略了电磁波传播过程中的多径效应，这也是微波（毫米波）图像中存在虚假目标（或称"鬼影"）现象的原因所在。在低频电磁波情况下，多径效应会变得更为明显。

最后，在雷达成像中，由于获取所需分辨率的图像经常仅需要在一个小角度内对目标进行观测，所以还经常引入以下额外的假设[15]：在小角度范围内，每个散射中心的强度几乎不随频率变化，也不随观测角度变化。

1.5 成像的基本概念与方法

上述目标函数$O(r)$实际上反映了目标的反射率（reflectivity）在给定入射场时的空间变化情况，也即微波图像描述的是某一特定方位下目标反射率的空间分布情况。

衡量图像质量的一项重要指标是分辨率，即能够清晰地区分两个相邻散射点的能力，可使用点扩展函数（Point Spread Function，PSF）来描述[16]。点扩展函数是描述成像系统对点源解析能力的函数（也即系统的冲激响应），即成像系统对点目标的响应。因此，点扩展函数也可以看作成像系统的格林函数，如图1.2所示。

图1.2 成像系统对点目标的响应示意图

分辨率定义为点扩展函数在其峰值功率一半位置处对应的PSF宽度。对于具备三维成像能力的系统而言，分辨率可以用三个维度上的PSF切片来描述。对于发射机与接收机整体位于目标某一特定方位的情况，分辨率可分为径向分辨率与横向分辨率，其中，后者又可细分为高度维和水平维分辨率。径向分辨率指的是发射与接收视线方向的分辨率，而横向分辨率指的是垂直于视线方向上的分辨率。

对于图 1.3 所示的两维成像示意图，当发射机与接收机均处于目标的远场区时，在波恩近似下，散射场与目标函数呈傅里叶变换关系[14]①。

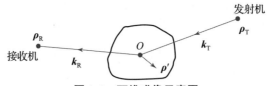

图 1.3　两维成像示意图

$$\phi_{sca}(\boldsymbol{\rho}_T,\boldsymbol{\rho}_R) \approx \frac{-j}{8\pi k_0\sqrt{\rho_T\rho_R}} e^{-jk_0(\rho_T+\rho_R)} \int O(\boldsymbol{\rho}') e^{-j(\boldsymbol{k}_T-\boldsymbol{k}_R)\cdot\boldsymbol{\rho}'} d\boldsymbol{\rho}'$$
$$= \frac{-j}{8\pi k_0\sqrt{\rho_T\rho_R}} e^{-jk_0(\rho_T+\rho_R)} \tilde{O}(\boldsymbol{k}_T-\boldsymbol{k}_R) \tag{1.11}$$

式中，$\tilde{O}$ 表示 O 的傅里叶变换；$\boldsymbol{k}_T=-k_0\hat{\rho}_T$、$\boldsymbol{k}_R=k_0\hat{\rho}_R$ 分别对应入射波与散射波的波矢量。注意，此处给出的是散射场的某一分量。

基于傅里叶变换的时频关系可知，要获得高分辨的目标函数空间分布，则需要在一个较大范围的空间频率域内已知 $\tilde{O}(\boldsymbol{k}_T-\boldsymbol{k}_R)$ 的分布。因此，需要 $\boldsymbol{\rho}_T$ 或 $\boldsymbol{\rho}_R$ 在一定范围内变化，从而导致 $(\boldsymbol{k}_T-\boldsymbol{k}_R)$ 的变化。当然，如果电磁波工作频率也可以变化，会使得 $\boldsymbol{k}_T-\boldsymbol{k}_R=k(\hat{\rho}_T-\hat{\rho}_R)$ 沿着 $(\hat{\rho}_T-\hat{\rho}_R)$ 方向出现相应变化，其中，波数 $k=2\pi f/c$，f 表示工作频率，c 为光速。因此，由傅里叶变换的性质可知，分辨率与散射场的支撑域之间呈现反比关系。

当发射机和接收机与目标的距离小于远场距离 $2D^2/\lambda$ 时[17,18]（D 表示目标的最大横向尺寸），不能再使用上述关系，否则会带来较大误差。此时，可将球面波展开为平面波叠加的形式，从而得出如下关系：散射场沿着发射机或接收机分布方向的傅里叶变换与目标的傅里叶变换相对应[14]。

虽然散射场与目标函数之间存在如此简单的关系，但实际情况中由于 $(\boldsymbol{\rho}_T,\boldsymbol{\rho}_R)$ 的多种分布情况以及平台的运动状态，使得图像重构并非易事。

微波、毫米波成像算法可分为时域算法、频域算法[19]。典型的时域算法有时域相关法、逆投影算法[20,21]。这类算法不存在近似处理，因此具有高精度成像能力，且几乎适用于所有形式的天线配置；缺点是需要对成像区域的所有像素点遍历，对回波进行相干积累，因此计算复杂度高。当然，也有很多工作研究了逆投影的快速算法[22]。频域算法主要包括波数域算法（Wavenumber

---

① 关于复矢量与瞬时场之间的关系，文献 [14] 中为 $\boldsymbol{E}(\boldsymbol{r},t)=\mathrm{Re}[\boldsymbol{E}(\boldsymbol{r})\mathrm{e}^{-j\omega t}]$，本书中为 $\boldsymbol{E}(\boldsymbol{r},t)=\mathrm{Re}[\boldsymbol{E}(\boldsymbol{r})\mathrm{e}^{-j\omega t}]$。

Domain Algorithm，WDA），也称为距离徙动算法（Range Migration Algorithm，RMA））[23]、距离-多普勒算法、调频变标（Chirp Scaling）算法、极坐标格式算法等[24]。以上均涉及空间频率域内的处理过程。通常情况下，频域算法的计算效率要高于时域算法。

1.6 MIMO 阵列成像

由上节分析可知，散射场 $E_{sca}(r)$ 与发射机及接收机的位置相关，可表示为 $E_{sca}(r_T, r_R)$，式中，r_T 表示发射机位置，r_R 表示接收机位置。这样根据不同的 r_T、r_R 变化情况，可以将成像分为单站成像和多站成像。单站成像中，可认为 r_T 与 r_R 相同，仅获取目标的后向散射场；在更具一般意义的多站成像中，r_T、r_R 可取不同位置，获取的是目标的多站散射信息，也可称为 MIMO 成像。

实际中的 MIMO 成像通常采用多个发射与接收射频通道，以提高散射数据的获取速度，如图 1.4 所示。所有发射天线同时发射相互正交的波形，所有接收天线接收回波信号，通过信号处理机分选正交波形[25]。利用阵元等效原理与分集技术，MIMO 系统能够实现远超实际物理阵元数的通道数和自由度，故其采集信号包含更多的目标信息，因此，可提升系统在参数估计、成像、检测识别等方面性能[26,27]。由于 MIMO 技术可利用更少的阵元获取与满阵类似的性能，故可大大降低系统成本。当数据获取速度不是关键考虑因素时，MIMO 阵

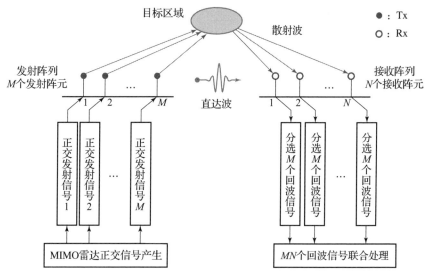

图 1.4　MIMO 系统构成示意图

列可以仅考虑空间分集（收发阵元物理位置分置）与时间分集（发射阵元分时工作，接收阵元同时工作）。此时，发射信号波形不必具有正交性。这样，发射机仅使用一个射频通道即可，与发射天线之间采用开关连接，进一步降低了系统成本。

MIMO 阵列与单站阵列成像相比，主要具有以下优点：

（1）在相同阵列孔径条件下，可节省天线单元数目。

（2）可降低多径效应对成像的影响。

对多径效应的降低，可结合图 1.5、图 1.6 进行说明。图 1.5 以双站系统为例，其中经过两个目标的实线椭圆轨迹表示单次直接反射路径对应的目标轨迹，虚线表示多径传播时对应的虚假目标轨迹。图 1.6 为单站系统对应的多径效应示意图。由两图对比可见，对于双站系统，两种电磁波传播路径产生了两条不同的虚假目标轨迹，而单站系统的两种多径传播对应的虚假目标轨迹是重合的。由此可知，在图 1.5 和图 1.6 所示的收发机及目标配置情况下，双站系统对应的虚假目标轨迹能量大约仅是单站情形的一半。

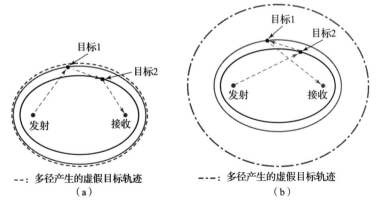

图 1.5 双站系统多径效应示意图

（a）多径传播路线：发射→目标 1→目标 2→接收；（b）多径传播路线：发射→目标 2→目标 1→接收

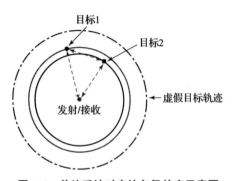

图 1.6 单站系统对应的多径效应示意图

1.7 本章小结

本章主要从电磁波传播的角度出发，介绍了从麦克斯韦方程组至成像模型的演化过程。此外，还介绍了毫米波成像中的主要概念。

参 考 文 献

[1] Moreira A, Prats-Iraola P, Younis M, et al. A tutorial on synthetic aperture radar [J]. IEEE Geoscience and Remote Sensing Magazine, 2013, 1 (1): 6-43.

[2] Knott E F. Radar Cross Section Measurements [M]. New York: Van Nostrand Reinhold, 1993.

[3] Odendaal J W, Joubert J. Radar cross section measurements using near-field radar imaging [J]. IEEE Transactions on Instrumentation and Measurement, 1996, 45 (6): 948-954.

[4] Ghasr M T, Horst M J, Dvorsky M R, et al. Wideband Microwave Camera for Real-Time 3-D Imaging [J]. IEEE Transactions on Antennas and Propagation, 2017, 65 (1): 258-268.

[5] Amin M. Through-the-Wall Radar Imaging [M]. Boca Raton, FL, USA: Taylor & Francis, 2010.

[6] Sun S, Petropulu A P, Poor H V. MIMO Radar for Advanced Driver-Assistance Systems and Autonomous Driving: Advantages and Challenges [J]. IEEE Signal Processing Magazine, 2020, 37 (4): 98-117.

[7] Sheen D M, McMakin D L, Hall T E. Three-dimensional millimeter-wave imaging for concealed weapon detection [J]. IEEE Transactions on Microwave Theory and Techniques, 2001, 49 (9): 1581-1592.

[8] Ahmed S S, Schiessl A, Gumbmann F, et al. Advanced microwave imaging [J]. IEEE Microwave Magazine, 2012, 13 (6): 26-43.

[9] Zhuge X, Yarovoy A G. Three-dimensional near-field MIMO array imaging using range migration techniques [J]. IEEE Transactions on Image Processing, 2012, 21 (6): 3026-3033.

[10] Gennarelli G, Soldovieri F. Multipath Ghosts in Radar Imaging: Physical Insight and Mitigation Strategies [J]. IEEE Journal of Selected Topics in

Applied Earth Observations and Remote Sensing, 2015, 8 (3): 1078 – 1086.

[11] Nahin P J. Oliver Heaviside: the life, work, and times of an electrical genius of the Victorian age [M]. JHU Press, 2002.

[12] 陈重, 崔正勤, 胡冰. 电磁场理论基础（第二版）[M]. 北京: 北京理工大学出版社, 2010.

[13] Feynman R, Leighton R, Sands M. The Feynman Lectures on Physics, Vol. II [M]. Online: https://www.feynmanlectures.caltech.edu/II_toc.html.

[14] Chew W C. Waves and fields in inhomogenous media [M]. John Wiley & Sons, Inc., 1999.

[15] Wehner D R. High – Resolution Radar (2nd) [M]. Artech House, Boston: USA, 1995.

[16] Mensa D L. High Resolution Radar Imaging [M]. Artech House, Dedham: USA, 1981.

[17] Knott E F, Shaeffer J F, Tuley M T. Radar cross section [M]. Scitech Publishing, INC, Raleigh, NC, 2004.

[18] 黄培康, 殷红成. 雷达目标特性 [M]. 北京: 宇航出版社, 1993.

[19] 周智敏, 金添. 超宽带地表穿透成像雷达 [M]. 北京: 国防工业出版社, 2013.

[20] Munson D C, O'Brien J D, Jenkins W K. A tomographic formulation of spotlight – mode synthetic aperture radar [J]. Proceedings of the IEEE, 1983, 71 (8): 917 – 925.

[21] Desai M D, Jenkins W K. Convolution backprojection image reconstruction for spotlight mode synthetic aperture radar [J]. IEEE Transactions on Image Processing, 1992, 1 (4): 505 – 517.

[22] Ulander L M H, Hellsten H, Stenstrom G. Synthetic – aperture radar processing using fast factorized back – projection [J]. IEEE Transactions on Aerospace and Electronic Systems, 2003, 39 (3): 760 – 776.

[23] Soumekh M. Synthetic aperture radar signal processing with MATLAB algorithm [M]. John Wiley & Sons, Inc., 1999.

[24] Cumming I G, Wong F H. Digital processing of synthetic aperture radar data [M]. Artech House, Boston, 2005.

[25] 王怀军. MIMO 雷达成像算法研究 [D]. 长沙: 国防科学技术大学, 2010.

[26] Rabideau D J, Parker P. Ubiquitous MIMO multifunction digital array radar

[C]. In The Thrity – Seventh Asilomar Conference on Signals, Systems & Computers, 2003: 1057 – 1064.

[27] Fishler E, Haimovich A, Blum R, et al. MIMO radar: An idea whose time has come [C]. In Proceedings of the 2004 IEEE Radar Conference (IEEE Cat. No. 04CH37509), 2004: 71 – 78.

第 2 章
直线 MIMO – SAR 成像

2.1 引言

本章主要讨论直线型 MIMO 阵列结合机械扫描的成像体制,简称为 MIMO – SAR,是实现低成本毫米波成像系统,满足商业化需求的重要方案之一。该体制相比于单站线阵扫描成像而言,阵元间距更大,降低了通道之间的耦合性;此外,由于利用了多站散射信息,可以降低图像中的鬼影(Ghost)现象[1]。

本章各节内容安排如下,2.2 节介绍了 MIMO 成像原理及数学模型;2.3 节介绍了直线 MIMO – SAR 波数域成像算法,也可称为距离徙动算法(Range Migration Algorithm,RMA)[2,3];2.4 节分析了 MIMO 阵列欠采样引起的频谱混叠问题;2.5 节给出了成像的关键性能参数分析;2.6 节为数值仿真实验,最后是本章内容总结。

2.2 MIMO 成像原理

本节首先介绍 MIMO 成像的基本原理。根据图 2.1 所示,由第 1 章可知,在一阶波恩近似下,目标的散射场可表示为[4]

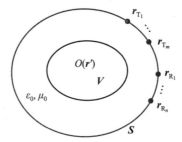

图 2.1 MIMO 成像原理示意图[4]

$$E_{\text{sca}}(r_T, r_R, f) = \int_V \bar{G}(r_R, r') \cdot O(r') E_{\text{inc}}(r', r_T) dr' \tag{2.1}$$

式中，$\bar{G}(r_R, r)$ 为无限大均匀介质中电场的并矢格林函数；$E_{\text{inc}}(r', r_T)$ 为目标处的入射场；$O(r')$ 为目标函数；r_T 与 r_R 分别表示多个发射与接收天线的位置（图中表示为 r_{T_m}、r_{R_n}，其中，$m = 1, 2, \cdots, M$，$n = 1, 2, \cdots, N$）；f 为电磁波工作频率。

由前一章内容可知，在同种各向同性介质中，当激励为点源时，矢量波动方程的解为并矢格林函数，其表达式如下[4,5]

$$\bar{G}(r_R, r') = \left[\bar{I} + \frac{\nabla_R \nabla_R}{k^2}\right] g(r_R, r') \tag{2.2}$$

式中，$\bar{I}$ 表示单位并矢；∇_R 表示针对变量 r_R 的哈密顿算子；$g(r_R, r')$ 为标量格林函数

$$g(r_R, r') = \frac{e^{-jk|r_R - r'|}}{4\pi |r_R - r'|} \tag{2.3}$$

式中，$k = \frac{2\pi f}{c}$ 表示波数，c 为光速。

式（2.2）中括号中第一项导致随 $1/|r_R - r'|$ 变化的场，第二项导致随 $1/|r_R - r'|^2$ 与 $1/|r_R - r'|^3$ 变化的场。一般认为后两项较小，可以忽略[5]。因此，式（2.1）可以化简为

$$E_{\text{sca}}(r_T, r_R, f) = \int_V g(r_R, r') O(r') E_{\text{inc}}(r', r_T) dr' \tag{2.4}$$

相对目标区域而言，当发射天线可近似作为点源 a 时，入射场可表示为

$$E_{\text{inc}}(r', r_T) = \bar{G}(r', r_T) \cdot a \tag{2.5}$$

假定目标位于发射天线的远场区，类比式（2.2）中的变量关系，将式（2.5）代入式（2.4）得到

$$E_{\text{sca}}(r_T, r_R, f) = a \int_V O(r') \frac{e^{-jk(|r_T - r'| + |r_R - r'|)}}{|r_T - r'| \cdot |r_R - r'|} dr' \tag{2.6}$$

在微波、毫米波及太赫兹频段雷达成像体制中，通常信号相对带宽较窄，可近似认为散射系数 $O(r')$ 不随频率变化。另外，在近场全息成像算法中，对相位的处理决定图像重构效果，而幅度项的变化对最终成像聚焦效果影响小，通常在算法推导时可忽略。从而式（2.6）可以化简为

$$E_{\text{sca}}(r_T, r_R, f) = a \int_V O(r') e^{-jk(|r_T - r'| + |r_R - r'|)} dr' \tag{2.7}$$

由此得到 MIMO 成像的常用回波模型。

单站情况下，上述模型退化为

$$E_{\text{sca}}(\boldsymbol{r}_{\text{TR}}, f) = a\int_V O(\boldsymbol{r}') e^{-\text{j}2k|\boldsymbol{r}_{\text{TR}} - \boldsymbol{r}'|} d\boldsymbol{r}' \tag{2.8}$$

式中，$\boldsymbol{r}_{\text{TR}}$表示收发阵元位置。式（2.8）可用于单站阵列成像算法的推导。

本书所有的成像与阵列优化模型均假设采用同极化天线，这是近场成像中发射和接收天线的常用组合形式。在某些应用场景下，也会采用交叉极化天线获取更多待测目标的信息。无论采用何种极化方式，均可采用本书算法进行成像。

2.3 直线 MIMO – SAR 波数域成像算法

本节讨论直线 MIMO – SAR 近场三维成像算法的实现及参数分析，其成像拓扑结构如图 2.2 所示。假定发射信号采用线性调频信号

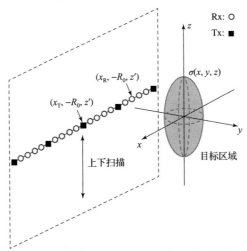

图 2.2　直线 MIMO – SAR 成像拓扑结构

$$s_{\text{T}}(t) = \exp\left[\text{j}2\pi\left(f_0 t + \frac{1}{2}Kt^2\right)\right] \tag{2.9}$$

式中，f_0为发射信号的中心频率；t表示信号传输一个周期内的时间变量；K为调频信号的调频率。则经过一定时间τ延迟后的回波信号可表示为

$$s_{\text{R}}(t) = \sigma s_{\text{T}}(t - \tau) \tag{2.10}$$

式中，σ表示目标的散射系数①。对于大带宽线性调频信号，接收端通常采用去调频解调技术，即接收信号与延迟τ_0后的发射信号进行混频，获得差频信号，从而降低了信号采样率（对于近场成像，由于目标到天线的时延较短，

---

① 请注意与电导率的区别。后续均以 σ 表示目标的散射系数。

发射信号可以不经延迟直接耦合至接收通路作为本振）。去调频并低通滤波后的中频信号为（假定 $\tau_0 = 0$）

$$s_{IF}(t) = \sigma \exp(-j2\pi f_0 \tau) \exp(-j2\pi K\tau t) \exp(j\pi K\tau^2) \quad (2.11)$$

上式最后一项 $\exp(j\pi K\tau^2)$ 称为残余视频相位（Residual Video Phase，RVP），该残余视频相位对成像没有用处，需补偿掉，具体请见参考文献［6］。

RVP 项补偿之后的信号可表示为

$$s_{IF}(t) = \sigma \exp(-j2\pi f_0 \tau) \exp(-j2\pi K\tau t) \quad (2.12)$$

令 $f = Kt$，则有

$$s_{IF}(f) = \sigma \exp[-j2\pi(f_0 + f)\tau] \quad (2.13)$$

由该式可见，去除 RVP 后的信号与频率步进信号的回波模型一致。

因此，基于式（2.13），图 2.2 所示直线 MIMO－SAR 的解调后回波信号为

$$s(k, x_T, x_R, z') = \iiint \sigma(x,y,z) e^{-jkR_T} e^{-jkR_R} dxdydz \quad (2.14)$$

式中，$k = 2\pi f/c$ 表示波数，c 为光速；$\sigma(x,y,z)$ 表示目标散射系数分布；R_T 与 R_R 表示位置在 (x,y,z) 处的目标分别到发射与接收天线的距离，有

$$\begin{aligned} R_T &= \sqrt{(x_T - x)^2 + (y + R_0)^2 + (z' - z)^2} \\ R_R &= \sqrt{(x_R - x)^2 + (y + R_0)^2 + (z' - z)^2} \end{aligned} \quad (2.15)$$

式中，(x_T, R_0, z')、(x_R, R_0, z') 分别表示发射和接收天线在笛卡尔坐标系下的位置，R_0 表示坐标原点到平面阵列的距离。

以下给出该 MIMO－SAR 成像的波数域算法推导。首先，对式（2.14）两边沿 z' 做傅里叶变换，并利用卷积性质，可以得到

$$s(k, x_T, x_R, k_z) = \iiint \sigma(x,y,z) \mathcal{F}_{z'}[e^{-jkR_T}] \circledast_{k_z} \mathcal{F}_{z'}[e^{-jkR_R}] dxdydz \quad (2.16)$$

式中，$\circledast_{k_z}$ 表示对 k_z 维度的卷积；指数项 e^{-jkR_T} 和 e^{-jkR_R} 表示自由空间格林函数，这两项关于 z' 的傅里叶变换可分别表示为[7]

$$\mathcal{F}_{z'}[e^{-jkR_T}] = e^{-j\sqrt{k^2 - k_z^2}\rho_T} e^{-jk_z z} \quad (2.17)$$

$$\mathcal{F}_{z'}[e^{-jkR_R}] = e^{-j\sqrt{k^2 - k_z^2}\rho_R} e^{-jk_z z} \quad (2.18)$$

式中

$$\begin{aligned} \rho_T &= \sqrt{(x - x_T)^2 + (y + R_0)^2} \\ \rho_R &= \sqrt{(x - x_R)^2 + (y + R_0)^2} \end{aligned} \quad (2.19)$$

将式（2.17）、式（2.18）代入式（2.16）中，得到

$$s(k, x_T, x_R, k_z) = \iiint \sigma(x,y,z) [e^{-j\sqrt{k^2 - k_z^2}\rho_T} e^{-jk_z z} \circledast_{k_z} e^{-j\sqrt{k^2 - k_z^2}\rho_R} e^{-jk_z z}] dxdydz$$

$$(2.20)$$

根据卷积的计算原则,式 (2.20) 可以化简为

$$s(k, x_T, x_R, k_z) = \iiint \sigma(x,y,z) e^{-jk_{z'}z} [e^{-j\sqrt{k^2-k_z^2}\rho_T} \circledast_{k_{z'}} e^{-j\sqrt{k^2-k_z^2}\rho_R}] dxdydz \quad (2.21)$$

上式中方括号中的卷积关系为

$$e^{-j\sqrt{k^2-k_z^2}\rho_T} \circledast_{k_{z'}} e^{-j\sqrt{k^2-k_z^2}\rho_R} = \int e^{-j\sqrt{k^2-\zeta^2}\rho_T} e^{-j\sqrt{k^2-(k_{z'}-\zeta)^2}\rho_R} d\zeta \quad (2.22)$$

该积分可采用驻定相位原理(Principle of Stationary Phase,POSP)进行如下求解[8]

$$e^{-j\sqrt{k^2-k_z^2}\rho_T} \circledast_{k_{z'}} e^{-j\sqrt{k^2-k_z^2}\rho_R} \approx \sqrt{\frac{2\pi}{|\vartheta''(\zeta_0)|}} e^{\pm j\pi/4} e^{j\vartheta(\zeta_0)} \quad (2.23)$$

式中,$\vartheta = -\sqrt{k^2-\zeta^2}\rho_T - \sqrt{k^2-(k_{z'}-\zeta)^2}\rho_R$。

驻定相位点 ζ_0 通过 $d\vartheta/d\zeta = 0$ 计算得到

$$\rho_R \frac{k_{z'}-\zeta}{\sqrt{k^2-(k_{z'}-\zeta)^2}} = \rho_T \frac{\zeta}{\sqrt{k^2-\zeta^2}} \quad (2.24)$$

然而,求解上述四次方程过程复杂,且导致色散关系中会出现变量 ρ_T 与 ρ_R,最终无法获得高效的空间频率域成像算法。在近场人体安检成像领域,由于目标在水平维度分布范围相对紧凑,所以借鉴文献 [9,10] 的处理方法,即首先将 ϑ 近似表示为

$$\vartheta(\zeta) = -\sqrt{k^2-\zeta^2}\rho_0 - \sqrt{k^2-(k_{z'}-\zeta)^2}\rho_0 \quad (2.25)$$

求解 $d\vartheta/d\zeta = 0$,可得到驻定相位点 $\zeta_0 = k_{z'}/2$。注意,在利用近似关系式得到驻定相位点之后,将其代入式 (2.23),得到

$$e^{-j\sqrt{k^2-k_z^2}\rho_T} \circledast_{k_{z'}} e^{-j\sqrt{k^2-k_z^2}\rho_R} \approx \sqrt{\frac{2\pi}{|\vartheta''(\zeta_0)|}} e^{-j\pi/4} e^{-j\sqrt{k^2-\frac{k_z^2}{4}}\rho_T} e^{-j\sqrt{k^2-\frac{k_z^2}{4}}\rho_R} \quad (2.26)$$

式中,$\sqrt{\frac{2\pi}{|\vartheta''(\zeta_0)|}}$ 是 k 与 $k_{z'}$ 的函数,由于其仅存在于幅度项,对成像效果影响较小,可忽略。由于该处理最初是在弧线 MIMO – SAR 成像中引入,所以误差分析请详见下一章弧线 MIMO – SAR 成像。

将式 (2.26) 代入式 (2.21),可以得到

$$s(k, x_T, x_R, k_{z'}) = \iiint \sigma(x,y,z) e^{-jk_{z'}z} e^{-jk_\rho \rho_T} e^{-jk_\rho \rho_R} dxdydz \quad (2.27)$$

式中

$$k_\rho = \sqrt{k^2 - k_z^2/4} \quad (2.28)$$

基于波函数展开,式 (2.27) 中的格林函数 $e^{-jk_\rho \rho_T}$、$e^{-jk_\rho \rho_R}$(柱面波)可分别表示为以下积分形式

$$e^{-jk_{\rho_T}\rho_T} = \int e^{-jk_{x_T}(x-x_T)} e^{-jk_{y_T}(y+R_0)} dk_{x_T} \quad (2.29)$$

$$e^{-jk_{\rho_R}\rho_R} = \int e^{-jk_{x_R}(x-x_R)} e^{-jk_{y_R}(y+R_0)} dk_{x_R} \quad (2.30)$$

将式（2.29）、式（2.30）代入式（2.27）并调整积分顺序，可得

$$s(k,x_T,x_R,k_z) = \iiint \sigma(x,y,z) e^{-jk_z z} \cdot$$
$$e^{-j(k_{x_T}+k_{x_R})x} e^{-j(k_{y_T}+k_{y_R})y} e^{jk_{x_T}x_T} e^{jk_{y_T}R_0} e^{jk_{x_R}x_R} e^{jk_{y_R}R_0} dxdydzdk_{x_T}dk_{x_R} \quad (2.31)$$

定义

$$k_x = k_{x_T} + k_{x_R} \quad (2.32)$$

$$k_y = k_{y_T} + k_{y_R} \quad (2.33)$$

结合式（2.28）可以得到色散关系

$$k_y = \sqrt{k^2 - k_{x_T}^2 - \frac{k_z^2}{4}} + \sqrt{k^2 - k_{x_R}^2 - \frac{k_z^2}{4}} \quad (2.34)$$

由于式（2.31）右侧为关于 k_{x_T}、k_{x_R} 的逆傅里叶变换，所以，对其两边关于 (x_T,x_R) 做傅里叶变换，并结合式（2.32）、式（2.33）所示的关系，可得

$$\sigma(k,k_{x_T},k_{x_R},k_z) = \iiint \sigma(x,y,z) e^{-jk_x x} e^{-jk_y y} e^{-jk_z z} e^{-jk_y R_0} dxdydz$$
$$= \sigma(k_x,k_y,k_z) e^{-jk_y R_0} \quad (2.35)$$

式中，$\sigma(k_x,k_y,k_z)$ 表示 $\sigma(x,y,z)$ 的三维傅里叶变换。

对 $s(k,k_{x_T},k_{x_R},k_z)$ 进行匹配滤波后，可通过插值与降维获得 $\sigma(k_x,k_y,k_z)$，进一步利用三维逆傅里叶变换得到成像结果

$$g(x,y,z) = \mathcal{F}_{3D}^{-1}[\sigma(k_x,k_y,k_z)] \quad (2.36)$$

以下给出算法关键细节的分析。考虑信号的离散性质，直线 MIMO 阵列扫描体制的波数域（或称为距离徙动算法）的具体步骤归纳如下：

（1）对直线 MIMO 阵列扫描体制的四维回波信号 $s(k,x_T,x_R,z)$ 的欠采样维度进行内插补零，使其点数与满采样阵列相同。针对 (x_T,x_R,z') 进行三维快速傅里叶变换（3D-FFT），得到 $s(k,k_{x_T},k_{x_R},k_z)$。

（2）构造匹配滤波函数 $e^{-jk_y R_0}$，与中间信号 $s(k,k_{x_T},k_{x_R},k_z)$ 相乘。

（3）根据式（2.34）的色散关系，对 $s(k,k_{x_T},k_{x_R},k_z)$ 进行插值，得到 $s(k_y,k_{x_T},k_{x_R},k_z)$。其中，$k_y$ 满足均匀分布，便于后续 IFFT 成像。

（4）利用式（2.32）、式（2.33）中的波数关系，对 $s(k_y,k_{x_T},k_{x_R},k_z)$ 进行降维处理。实现方式有多种，其中之一可按图 2.3 所示进行处理。

（5）利用三维快速逆傅里叶变换（3D-IFFT）将信号从三维空间频率域变换至空间域，获得成像结果。

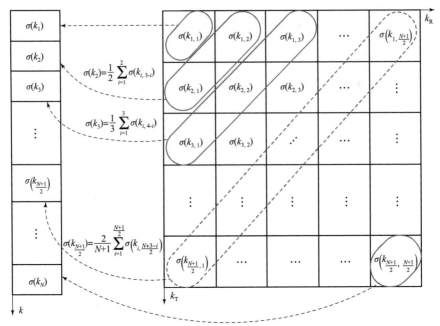

图 2.3 从 $\sigma(k_T,k_R,\cdots)$ 到 $\sigma(k,\cdots)$ 降维关系示意图

综上，成像算法流程如图 2.4 所示。以下给出算法计算复杂度的分析。通常采用浮点运算次数来评估算法的计算量，浮点运算次数指执行算法某一步骤所需要的浮点运算次数（Floating - point Operations）[8]。例如，复数加法浮点运算次数为 2，复数乘法浮点运算次数为 6。算法主要步骤的计算复杂度见表 2.1。

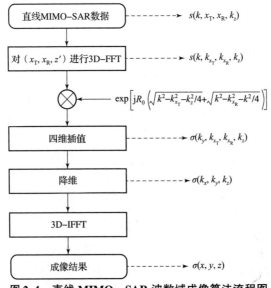

图 2.4 直线 MIMO-SAR 波数域成像算法流程图

表 2.1　直线 MIMO – SAR 波数域算法主要步骤的计算复杂度

步骤	计算量（浮点运算次数）	备注
对 (x_T, x_R, z') 进行 3D – FFT	$5N_{x_R}^2 N_z N_f \lg N_{x_R}^2 N_z$	N_{x_R}、N_z、N_f：方位向接收天线个数（满采样）、高度向扫描个数和频点数
匹配滤波	$6N_{x_R}^2 N_z N_f^*$	—
四维插值	$6N_{x_R}^2 N_z M_y^{**}$	M_y：距离向的像素点数
降维	$2(N_{x_R} - 1) N_z M_y$	见备注 ***
对 (k_x, k_y, k_z) 进行 3D – IFFT	$5 P_x P_y P_z \lg P_x P_y P_z$	P_x、P_y、P_z：方位向、距离向和高度向的像素点数

*：相乘因子为 $e^{jR_0 \left(\sqrt{k^2 - k_{x_T}^2 - k_z^2/4} + \sqrt{k^2 - k_{x_R}^2 - k_z^2/4} \right)}$。

**：遍历 (k_{x_T}, k_{x_R}, k_z)，利用一维插值将数据从 k 网格变换到 k_y 网格。

***：循环遍历 (k_y, k_z)，根据公式 $k_x = k_{x_T} + k_{x_R}$ 对 (k_{x_T}, k_{x_R}) 进行求和降维。

2.4　MIMO 阵列频谱混叠分析

大多数基于频域处理的算法仅涉及对满足奈奎斯特采样准则的发射与接收阵列进行分析。在阵列孔径较大的情况下，则需要大量的收发阵元，从而限制了 MIMO 阵列的低成本优势。本节利用离散时间傅里叶变换（Discrete – time Fourier Transform，DTFT）[11]，详细分析了欠采样阵列的频谱混叠现象，并给出了相应的处理方法[12]，使得频域处理可获得与时域 BP 算法相接近的结果。

2.4.1　基于离散时间傅里叶变换的频谱混叠分析

考虑时间域采样序列 $s(n)$ 与 $s_P(n)$，其中，后者表示从前者序列中每 P 个点抽取一个值构成的序列。首先在欠采样序列 s_P 的相邻两个采样点中间插入 $P - 1$ 个零（下文中的"补零"均指这种采样点间补零的方式），使其拥有与 $s(n)$ 相同的采样间隔，那么补零后数据的 DTFT 可以表示为[11]

$$S_P(e^{j\omega}) = \sum_{n=-\infty}^{\infty} s_P(nP) e^{-j\omega n P} = \sum_{n=-\infty}^{\infty} s(n) e^{-j P \omega n} = S(e^{jP\omega}) \quad (2.37)$$

式中，n 表示离散时间采样点；$\omega = 2\pi f$ 表示角频率；$s(n)$ 表示与 s_P 对应的满采样信号。

由式(2.37)可见,欠采样信号补零后的 DTFT 结果 $S_P(e^{j\omega})$ 相当于对原信号 s 的 DTFT 结果 $S(e^{j\omega})$ 进行了周期压缩,即周期由 2π 变为 $2\pi/P$。即在每 2π 范围内,$S_P(e^{j\omega})$ 比 $S(e^{j\omega})$ 包含更多的频谱周期。

上述关于时频信号的分析同样可以应用于空间频率域。考虑图 2.2 所示的 MIMO 阵列中的欠采样子阵,设该子阵的单元间距 Δx 大于奈奎斯特采样间距。对于线阵垂直平分线上距离线阵 R_0 的点目标而言,其空间频谱分布示意如图 2.5(a)所示,该频谱形状由目标与阵列之间的相对位置关系确定,此处采用三角形频谱幅度进行示意。若不进行补零操作,直接对该稀疏子阵对应的基带回波数据进行 FFT,那么得到的可见频谱由图 2.5(b)中的阴影部分表示,可见出现了严重的频谱混叠现象。

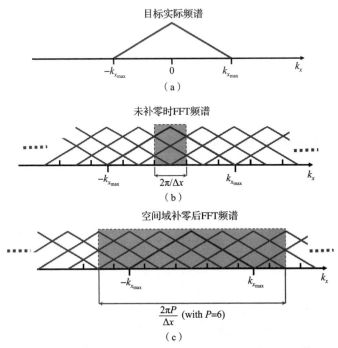

图 2.5 稀疏单站阵列频谱混叠分析(阴影部分表示可见范围)
(a) k_x 方向目标点的真实波数域频谱分布;(b) 欠采样条件下,通过 FFT 获得的频谱;
(c) 基带数据进行空间域补零后进行 FFT 的频谱

若对稀疏子阵对应的基带回波数据做补零 FFT,那么得到的可见频谱由图 2.5(c)中的阴影部分表示。虽然频谱混叠现象仍然存在,但由于 FFT 的范围扩大到了 $2\pi P/\Delta x$,频谱的可见范围包括了完整的目标频谱。图中的混叠频谱可看作虚假目标对应的频谱。图 2.6 给出了一个真实目标与一个虚假目标的位置关系及相应的频谱分布示意图。

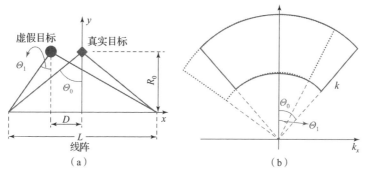

图 2.6 阵列与目标相对位置关系及相应的频谱分布示意图

(a) 阵列与目标相对位置关系(真实与虚假目标);(b) 频谱分布

若根据如图 2.5(a)中所示的真实目标的频谱范围$(-k_{x_{\max}}, k_{x_{\max}})$对补零操作后的频谱进行滤波(下文中的"频谱截断"均指这种用真实目标频谱范围,截取有效频谱的方式),那么处理结果类似于层析成像算法的频谱。从层析成像的角度来说,解调后的基带回波信号可以近似表示为目标投影的傅里叶变换[13]。因此,欠采样信号经过补零与频谱截断后,可以采用频域算法获得与 BP 算法类似的成像结果。

2.4.2 MIMO 直线阵列的频谱混叠示例

本节给出如图 2.7 所示 MIMO 线阵的子阵近场方向图及成像结果的分析。该线阵由满足奈奎斯特采样准则的等阵元间距接收阵列(阵元间距为Δx_R)与稀疏分布

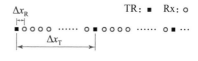

图 2.7 MIMO 线阵示意图

的等阵元间距发射阵列(阵元间距为$\Delta x_T = P\Delta x_R$)构成。其中,发射与接收阵列长度相同,黑色方块表示收发共用阵元,空心圆圈表示接收阵元。设置阵长$L = 1$ m,工作频率$f = 30$ GHz,并将补零点数设为$P = 20$。

首先,通过分析发射阵列与接收阵列的单程近场波束图[14]的变化,来说明 2.4.1 节中补零与频谱截断操作对结果的影响。假定$R_0 = 1$ m 处有一点目标,可分别针对发射与接收阵列计算对应此目标的单程电磁波传播成像结果,作为子阵列的等效单程近场波束图[14,15]。采用的方法分别是频域算法与 BP 算法。图 2.8(a)与图 2.8(b)分别给出了 MIMO 阵列中的接收子阵列(全采样阵列)的空间频谱与单程近场波束图。图 2.9 的结果是发射阵列(欠采样子阵)在数据补零操作之前对应的空间频谱与单程近场波束图。由图 2.9(a)可以看出,阵列的欠采样导致只能获得原始频谱的小部分,从而使得利用频域算法(图中标为 RMA)计算的近场波束图主瓣比 BP 算法的主瓣宽得多。

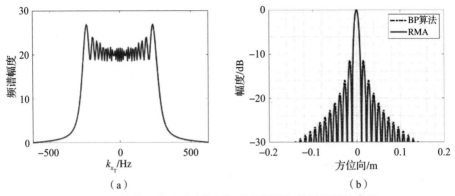

图 2.8 接收子阵列对应的近场空间频谱与单程近场波束图

(a) 近场空间频谱;(b) 单程近场波束图

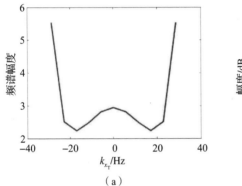
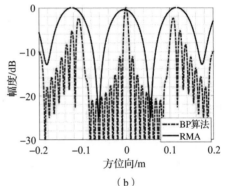

图 2.9 发射阵列对应的补零前近场空间频谱与单程近场波束图(书后附彩插)

(a) 近场空间频谱;(b) 单程近场波束图

对欠采样的发射阵列进行补零操作,具体来说,即在 MIMO 阵列的相邻发射阵元之间的采样数据之间插入 $P-1$ 个零值,使发射阵列与接收阵列的阵元间距相同。补零操作后的发射阵列频谱具有多个重复的镜频频谱分量,混叠之后的效果如图 2.10 (a) 所示。然而与图 2.5 (c) 类似,此时频谱中已经包含了完整的真实目标对应的频谱。补零操作后的发射阵列的单程近场波束图如图 2.10 (b) 所示,与图 2.9 (b) 的结果相比,补零后频域算法得到的主瓣形状相比于补零前,更接近于 BP 算法处理的结果。但是,副瓣电平仍远高于标准 sinc 函数的副瓣电平(约 -13 dB)。

为了进一步提高单程近场波束图的精度,对补零 FFT 后的频谱进行滤波,仅保留目标对应的真实空间频谱范围内的数据,如图 2.11 (a) 所示(此处利用矩形窗加权将有效范围内的数据截取出来,实际中还可考虑其他形式的加权

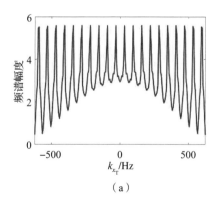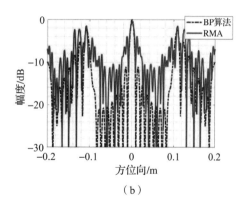

图 2.10 发射阵列对应的补零后近场空间频谱与单程近场波束图

(a) 近场空间频谱；(b) 单程近场波束图

窗函数，以降低副瓣电平）。该矩形窗的范围应根据波矢量 k_x 的范围确定，具体而言，应根据阵列与目标的相对位置关系确定。频谱截断之后的单程近场波束图如图 2.11（b）所示。可见，此时由频域算法 RMA 获得的波束图与时域 BP 算法的结果非常接近，仅副瓣电平略高于 BP 结果。由于采样间距大，二者都有很高的栅瓣出现，主瓣与栅瓣之间的距离对应了横向最大不模糊成像范围。

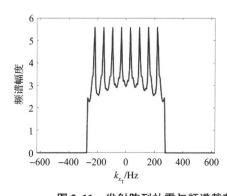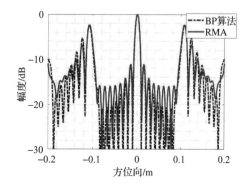

图 2.11 发射阵列补零与频谱截断后的近场空间频谱和单程近场波束图

(a) 近场空间频谱；(b) 单程近场波束图

在经过补零与频谱截断后，频域 RMA 与 BP 算法的等价性可以由以下分析进一步说明。由图 2.5（b）或图 2.5（c）可以看出，目标真实频谱与相邻的虚假目标频谱之间的间隔为 $2\pi/\Delta x$，于是根据图 2.6 中所示的几何关系，可得

$$\frac{2\pi}{\Delta x} = k_0(\sin\Theta_0 - \sin\Theta_1) = k_0\left[\frac{L/2}{\sqrt{R_0^2 + L^2/4}} - \frac{L/2 - D}{\sqrt{R_0^2 + (L/2 - D)^2}}\right] \quad (2.38)$$

式中，k_0 表示电磁波的中心频率对应的波数；D 为图 2.6（a）中真实目标与虚假目标的距离（相当于不模糊窗的范围）。

于是，欠采样阵列中相邻天线的间距可表示为

$$\Delta x = \lambda_0 \frac{1}{\dfrac{L/2}{\sqrt{R_0^2 + L^2/4}} - \dfrac{L/2 - D}{\sqrt{R_0^2 + (L/2-D)^2}}} \quad (2.39)$$

式中，λ_0 表示电磁波的中心频率对应的波长。若采用 $\tan\Theta$ 代替 $\sin\Theta$ 以化简式（2.38），则可以得到式（2.39）的近似表达式，即

$$\Delta x = \frac{\lambda_0 R_0}{D} \quad (2.40)$$

显然，式（2.40）得到的结果与时域 BP 算法对单程阵列单元间距的要求一致（D 等效于可表示的目标最大横向尺寸），从而证明了频域处理时，经过补零与频谱截断获得的近场波束图（如果是收发阵列组合，则为近场成像结果）与直接时域 BP 处理获得的结果是等效的。但如果没有补零与频谱截断操作，则无法接近 BP 的效果。

以下给出式（2.39）、式（2.40）之间的直观比较。设置 $L=1$ m，$R_0=1$ m，并令 D 从 0 到 1 m 均匀变化。图 2.12 给出了上述两式表示的阵元间距变化曲线。整体而言，两条曲线较为吻合，说明频域处理时，混叠频谱之间的间距与时域处理时可表示的目标最大横向尺寸之间具有直接关联。例如，当选择与图 2.8~图 2.11 中仿真相同的参数时（即 $\Delta x=0.1$ m，$\lambda_0=1$ cm 与 $R_0=1$ m），由式（2.40）可以计算出 BP 算法可表示的最大横向不模糊范围为 $D=0.1$ m，与图 2.11（b）中所示的主瓣与栅瓣之间的间距非常相近，进一步说明了主瓣与栅瓣之间的距离恰好为横向最大不模糊成像范围。

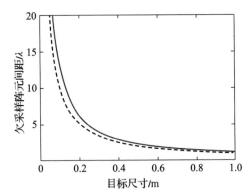

图 2.12 两种单元间距随目标尺寸变化的曲线
（实线对应式（2.39），虚线对应式（2.40））

最后，同时考虑 MIMO 的发射与接收阵列，其中，发射假定为欠采样阵列。图 2.13 给出了对欠采样维度补零后的 RMA 成像结果，同样给出了 BP 算法的结果，作为比较基准。由图可见，仅补零之后的 RMA 成像的旁瓣要明显高于 BP 图像的旁瓣。此外，由于成像可认为是发射阵列与接收阵列的近场波束相乘的结果，所以欠采样带来的混叠效应被抑制。因此，补零之后虽然没有经过频谱截断，但图 2.13（b）要优于图 2.10（b）所示的单程结果，尤其是栅瓣被明显抑制。图 2.14 给出了补零及频谱截断之后的对应结果，可见，截取有效频谱之后，RMA 的副瓣及栅瓣均获得了进一步抑制，其结果已经与 BP 非常接近。

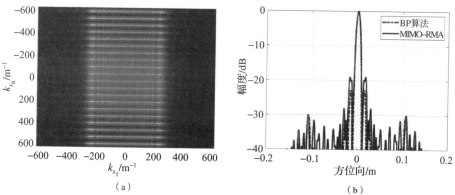

图 2.13 发射阵列维度补零后的 MIMO 空间频谱分布及近场成像结果
（a）MIMO 空间频谱分布；（b）近场成像结果

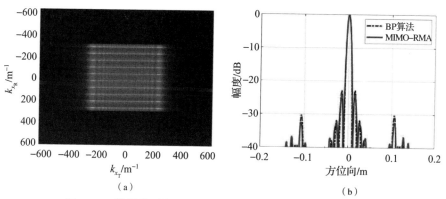

图 2.14 发射阵列维度补零与频谱截断后的 MIMO 空间频谱
分布及近场成像结果（书后附彩插）
（a）MIMO 空间频谱分布；（b）近场成像结果

此外，从这一结果可知，由于近场波束相乘使得栅瓣被有效抑制，最终 MIMO 阵列的横向不模糊成像范围取决于满采样子阵的单元间距，而非欠采样子阵。

进一步,我们给出上述 MIMO 阵列与单站满采样阵列的 RMA 成像结果对比,两阵列具有相同孔径,成像结果如图 2.15 所示。由图中可见,因为 MIMO 收发波束为相乘关系,所以与单站成像相比,其主瓣略有展宽,旁瓣略有降低。

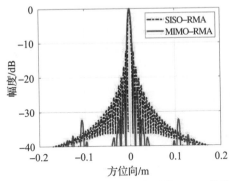

图 2.15 MIMO 阵列与单站满采样阵列的 RMA 成像结果对比

针对以上讨论的各种情况,表 2.2 给出了波束分辨率与峰值旁瓣比(PSLR)的数值。定量结果得到的结论与本节关于频谱混叠的分析一致。对于 MIMO 阵列而言,通过对欠采样阵列维度补零、频谱截断操作,利用频域算法,如 RMA,可以获得与 BP 算法具有相近分辨率和 PSLR 的近场波束图或成像结果。

表 2.2 不同阵列与处理方法的波束分辨率与峰值旁瓣比(PSLR)对比

阵列配置与处理方法	分辨率/mm	PSLR/dB
满采样单程阵列,BP 算法	9.69	−11.51
满采样单程阵列,RMA	9.74	−12.36
无补零的欠采样单程阵列,RMA	59.8	—
补零但无频谱截断的欠采样单程阵列,RMA	10.70	−3.44
补零及频谱截断的欠采样阵列,RMA	9.25	−11.24
MIMO 阵列,BP 算法	6.56	−22.82
不进行频谱截断的 MIMO 阵列,RMA	7.21	−18.98
进行频谱截断的 MIMO 阵列,RMA	6.66	−24.01
单站满阵列,RMA	4.87	−12.40

2.5 关键性能参数分析

2.5.1 采样准则分析

由傅里叶变换性质可知，离散采样的间距要满足在傅里叶域不会出现混叠现象。这包括对信号维度与天线阵列维度（包括机械扫描方向）的采样要求。信号维度的采样准则较易分析，此处仅给出对天线阵列维度的采样分析。

由前述分析可知，包含满采样和欠采样阵列的 MIMO 系统可以获得良好的成像效果[12]。根据成像区域与相应空间频率之间的关系，为了避免出现频谱混叠，满采样阵列应满足奈奎斯特采样准则。图 2.16 为 MIMO 阵列的采样准则分析示意图。为避免频谱混叠[2,8]，满采样子阵的相邻阵元之间的相位差应满足

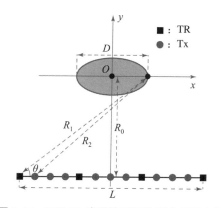

图 2.16 MIMO 阵列的采样准则分析示意图

$$k|R_1 - R_2| \leq \pi \tag{2.41}$$

假定满采样阵列阵元间隔为 Δd，根据图 2.16 中的几何关系，近似有 $|R_1 - R_2| \approx \Delta d \cos\theta$ 和 $\cos\theta \approx \dfrac{(L+D)/2}{\sqrt{(L+D)^2/4 + R_0^2}}$，则式（2.41）可重写为

$$k|R_1 - R_2| \approx k\Delta d \frac{(L+D)/2}{\sqrt{(L+D)^2/4 + R_0^2}} \leq \pi \tag{2.42}$$

式中，L 为 MIMO 阵列长度；D 为目标横向最大尺寸；R_0 为由目标中心到阵列中心的距离。上式化简之后，可得

$$\Delta d \leq \frac{\lambda_{\min}\sqrt{(L+D)^2/4 + R_0^2}}{L+D} \tag{2.43}$$

式中，λ_{min} 为最小波长，实际中用中心频率对应的电磁波波长亦可。可见，此间距是单站满采样阵列的两倍。

上述采样间距的计算默认所有天线单元波束均可覆盖整个目标范围，若不满足这一条件，需要结合天线波束宽度重新计算。

对于欠采样子阵，由于其栅瓣在与满采样子阵波束相乘后被大幅抑制，因此，从理论上来说，对其阵元间距并不存在严格要求。但阵元过少，会引起回波数据的幅度加权不均匀，从而影响成像质量。以下给出仿真说明，成像目标设置为沿方位维排布的三个点目标，且具有相同的散射系数，其他所需参数见表2.3。为保证 MIMO 阵列与具有相同孔径的单站阵列具有类似的分辨率，收发子阵应具有相同孔径，也就是至少应在接收阵列的两端处各设置一个发射天线（欠采样）。以具有121个收发天线对的单站（SISO）直线满阵列的方位向成像结果为基准，对比具有 N_T（N_T =2、3、61）个发射天线与61个接收天线的直线 MIMO 阵列的方位向成像结果，如图2.17所示。可见，当欠采样子阵单元过少时，图像旁瓣会有所提升；仅在阵列两端存在发射天线时，主瓣也会略有畸变；但在发射天线增大至3个时，主瓣畸变即消失。

表2.3 直线 MIMO 阵列仿真参数

参数	数值
信号起始频率/GHz	30
信号终止频率/GHz	35
成像距离/m	1.0
步进频率点数	51
MIMO 阵列接收天线间隔/cm	1.0
MIMO 阵列发射天线个数	N_T
MIMO 阵列接收天线个数	61
SISO 阵列阵元间距/cm	0.5
SISO 阵列阵元数	121

对于阵列的机械扫描方向，可以等效为单站阵列情况，则扫描间距 $\Delta z'$ 应满足 $2\pi/\Delta z' \geq k_{z_{max}} - k_{z_{min}}$，且有 $k_{z_{max}} = 2k_{max}\sin\frac{\Theta_z}{2}$，即

$$\Delta z' \leq \frac{\lambda_{min}}{4\sin\frac{\Theta_z}{2}} \tag{2.44}$$

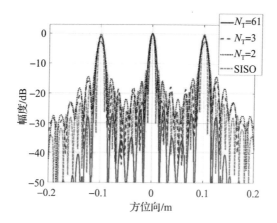

图2.17 具有不同欠采样单元的直线MIMO阵列成像结果对比（书后附彩插）

式中，Θ_z 表示为

$$\Theta_z = \min\left\{\Theta_{z_{\text{antenna}}}, 2\arcsin\left[\frac{(L_z+D_z)/2}{\sqrt{R_0^2+(L_z+D_z)^2/4^2}}\right]\right\} \quad (2.45)$$

式中，L_z 为机械扫描范围；D_z 为目标高度向的最大跨度；$\Theta_{z_{\text{antenna}}}$ 为天线单元在高度向的主瓣宽度。

2.5.2 分辨率分析

本节给出直线 MIMO – SAR 成像的分辨率分析。假定收发阵列具有相同的孔径，则各维度对应的波数也具有相同范围，如阵列方向对应的最大空间频率为

$$k_{x_T,\max} = k_{x_R,\max} = k_c \sin\frac{\Theta_x}{2} \quad (2.46)$$

式中，k_c 为中心波数；Θ_x 为天线波束宽度和阵列张角（即成像区域中心位置对阵列的张角）之间的较小值。

同理，垂直于阵列的高度向，其空间频率最大值为

$$k_{z_T,\max} = k_{z_R,\max} = 2k_c \sin\frac{\Theta_z}{2} \quad (2.47)$$

式中，Θ_z 表示天线波束宽度和机械扫描孔径张角（即成像区域中心位置对扫描范围的张角）之间的较小值，式中的2由电磁波双程传播引起。

径向距离维对应的空间频率范围可由式（2.34）确定，在 Θ_x、Θ_z 不大的情况下，可近似有 $k_{y,\max} = 2k_{\max}$、$k_{y,\min} = 2k_{\min}$。

根据上述三个维度对应的空间频率范围，即可确定相应的分辨率。注意，在阵列维度由于发射和接收频谱之间为卷积关系，故其对应的点扩展函数可表

示为两个冲激响应的乘积。因此，三维点扩展函数可表示为[16]

$$\sigma_{\text{psf}}(x,y,z) = \text{sinc}^2\left(\frac{2\sin\frac{\Theta_x}{2}}{\lambda_c}x\right)\text{sinc}\left(\frac{4\sin\frac{\Theta_z}{2}}{\lambda_c}z\right)\text{sinc}\left(\frac{k_{y,\max}-k_{y,\min}}{2\pi}y\right) \quad (2.48)$$

式中，λ_c 为中心频率对应的波长；$\text{sinc}(x) = \frac{\sin\pi x}{\pi x}$。

因此，可分别获得三个方向的分辨率（sinc^2 或 sinc 函数下降 3 dB 对应的宽度）

$$\delta_x = \frac{0.318\,9\lambda_c}{\sin\frac{\Theta_x}{2}}$$

$$\delta_z = \frac{0.221\,1\lambda_c}{\sin\frac{\Theta_z}{2}} \quad (2.49)$$

$$\delta_y = \frac{0.442\,2c}{B}$$

式中，B 为电磁波带宽。

2.6 数值仿真实验

本节利用 MATLAB 对直线 MIMO-SAR 的频率域成像算法进行验证。基于直线 MIMO 阵列扫描体制仿真参数设置见表 2.4。

表 2.4 基于直线 MIMO 阵列扫描体制仿真参数

参数	数值
起始频率/GHz	30
终止频率/GHz	35
成像距离/m	1.0
步进频率点数	51
高度向扫描间隔/cm	0.5
高度向扫描个数	121
发射阵列天线间隔/cm	15.0
接收阵列天线间隔/cm	0.75

续表

参数	数值
发射天线个数	5
接收天线个数	81

在成像区域中设置 27 个散射点作为目标点，中心目标位于原点位置，所有相邻目标点的距离向、方位向、高度向间隔均为 0.1 m。以 BP 算法的成像结果作为比较基准，如图 2.18 所示。RMA 的成像结果如图 2.19 所示，其中的二维图是对应过中心目标的切面结果。由对比可见，在方位向 – 高度向 RMA 可获得与 BP 接近的成像效果，而在距离维，RMA 效果略差，估计与欠采样维度的 Stolt 插值有关。从成像时间上来看，RMA 仅需 72 s，而 BP 算法耗时 5 857 s。由此可见，所述直线 MIMO – SAR RMA 能够在获得较好成像效果的同时，明显减少成像时间。

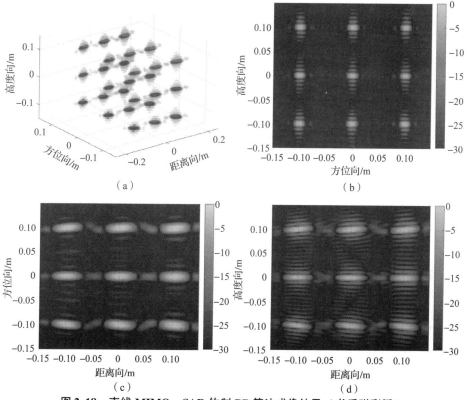

图 2.18 直线 MIMO – SAR 体制 BP 算法成像结果（书后附彩插）

（a）三维成像结果；（b）方位向 – 高度向切面；（c）距离向 – 方位向切面；（d）距离向 – 高度向切面

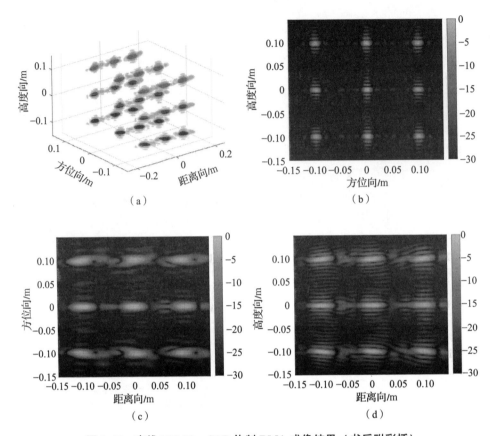

图 2.19 直线 MIMO-SAR 体制 RMA 成像结果（书后附彩插）

(a) 三维成像结果；(b) 方位向-高度向切面；(c) 距离向-方位向切面；(d) 距离向-高度向切面

2.7 本章小结

本章主要研究了直线 MIMO-SAR 体制的波数域三维成像算法及参数分析，给出了近场波数域三维成像算法的一种推导过程，并详细分析了补零与频谱截断对频谱混叠现象的影响。分析表明，在补零与频谱截断之后，频域算法可获得与时域 BP 算法类似的结果。

对于 MIMO 阵列成像，由于横向维度的目标频谱可认为是发射阵列与接收阵列对应空间谱的卷积，其成像结果则对应发射阵列波束与接收阵列波束的乘积。因此，欠采样子阵在成像区域内引起的栅瓣可获得有效抑制。

此外，本章在成像算法推导过程中给出的卷积近似计算方法还可应用于其他形式的 MIMO-SAR 频域算法推导过程中。

参 考 文 献

[1] Gennarelli G, Soldovieri F. Multipath ghosts in radar imaging: Physical insight and mitigation strategies [J]. IEEE Journal of Selected Topics in Applied Earth Observations and Remote Sensing, 2014, 8 (3): 1078-1086.

[2] Zhuge X, Yarovoy A G. Three-dimensional near-field MIMO array imaging using range migration techniques [J]. IEEE Transactions on Image Processing, 2012, 21 (6): 3026-3033.

[3] Gao J, Qin Y, Deng B, et al. Novel efficient 3D short-range imaging algorithms for a scanning 1D-MIMO array [J]. IEEE Transactions on Image Processing, 2018, 27 (7): 3631-3643.

[4] Chew W C. Waves and fields in inhomogenous media [M]. John Wiley & Sons, Inc., 1999.

[5] Gibson W C. The method of moments in electromagnetics [M]. Chapman and Hall/CRC, 2021.

[6] Carrara W G, Goodman R S, Majewski R M. Spotlight Synthetic Aperture Radar Signal Processing Algorithms [M]. Boston: MA: Artech House, 1995.

[7] Soumekh M. Reconnaissance with slant plane circular SAR imaging [J]. IEEE Transactions on Image Processing, 1996, 5 (8): 1252-1265.

[8] Cumming I G, Wong F H. Digital processing of synthetic aperture radar data [M]. Artech House, Boston, 2005.

[9] Li S, Wang S, Zhao G, et al. Millimeter-wave imaging via circular-arc MIMO arrays [J]. IEEE Transactions on Microwave Theory and Techniques, 2023, 71 (7): 3156-3172.

[10] Wang S, Li S, An Q, et al. Near-field millimeter-wave imaging via arrays in the shape of polyline [J]. IEEE Transactions on Instrumentation and Measurement, 2022, 71: 1-17.

[11] Oppenheim A V, Willsky A S, Nawab S H. Signals & systems (2nd ed.) [M]. Prentice-Hall, Inc. 1996.

[12] Li S, Wang S, Amin M G, et al. Efficient near-field imaging using cylindrical MIMO arrays [J]. IEEE Transactions on Aerospace and Electronic Systems, 2021, 57 (6): 3648-3660.

[13] Desai M D, Jenkins W K. Convolution back projection image reconstruction for spotlight mode synthetic aperture radar [J]. IEEE Transactions on Image

Processing, 1992, 1 (4): 505 – 517.

[14] Zhuge X, Yarovoy A G. A sparse aperture MIMO – SAR – based UWB imaging system for concealed weapon detection [J]. IEEE Transactions on Geoscience and Remote Sensing, 2010, 49 (1): 509 – 518.

[15] Lopez – Sanchez J M, Fortuny – Guasch J. 3 – D radar imaging using range migration techniques [J]. IEEE Transactions on Antennas and Propagation, 2000, 48 (5): 728 – 737.

[16] Vu V T, Sjogren T K, Pettersson M I, et al. An impulse response function for evaluation of UWB SAR imaging [J]. IEEE Transactions on Signal Processing, 2010, 58 (7): 3927 – 3932.

第 3 章
弧线 MIMO – SAR 成像

3.1 引言

上一章讨论了平面孔径 MIMO – SAR 成像技术。实际中由于天线单元波束宽度有限，对于大尺寸直线 MIMO 阵列，可能存在收发天线组合失效的情况[1]，也就是存在发射天线与接收天线的波束不重合的区域，对这部分区域而言，这样的收发天线组合是无效的，这一现象在近场成像中尤为明显。针对这一问题，本章主要研究基于弧线 MIMO 阵列的成像技术，MIMO 阵列被置于水平方向，高度向为机械扫描[2,3]。弧线 MIMO 的发射天线与接收天线均指向弧线所对应的圆心，这样对处于圆心附近的成像区域，能够保证所有收发天线组合都是有效的（此处不考虑目标本身引起的电磁波遮挡问题）。对于近场人体安检成像应用，相比平面孔径，弧线 MIMO – SAR 可以对人体两侧目标提供更均匀的电磁波照射与接收，因此更具优势。

针对该弧线 MIMO – SAR 体制，我们给出了一种波数域成像算法。其关键是如何解除收发阵列在高度维及水平维对应的空间频率耦合。在高度维，通过在推导过程中引入准单站近似，以获得回波模型沿高度向的空间频域解析表达式；在水平维，采用升维方式，以获得收发独立的空间频率变量。

本章各节内容安排如下：3.2 节给出了弧线 MIMO – SAR 波数域成像算法推导过程；3.3 节给出了成像的关键性能参数分析，包括采样准则、分辨率分析，以及算法实现过程中的关键步骤——解卷积运算分析；3.4 节及 3.5 节为数值仿真实验与实测数据实验，最后是本章内容总结。

3.2 弧线 MIMO – SAR 波数域成像算法

与直线单站或 MIMO 阵列相比，弧线 MIMO 阵列可以实现天线波束对人体目标更均匀的覆盖。本节主要研究弧线 MIMO–SAR 体制的波数域快速成像算法[2]。

弧线 MIMO–SAR 的拓扑结构如图 3.1 所示。其中，发射与接收天线在弧线方向均为等间距分布，以便于后续采用快速傅里叶变换。具体实现中，可假定发射天线为欠采样分布，接收天线为满采样分布（反之亦可）。弧线阵列通过沿垂直方向进行机械扫描以获得柱面孔径。

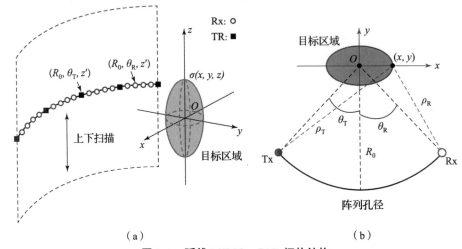

图 3.1　弧线 MIMO–SAR 拓扑结构
(a) 弧线 MIMO–SAR 成像示意图；(b) 水平切面与目标相对位置关系

基于一阶波恩近似，该弧线 MIMO–SAR 系统接收的目标散射回波信号可以表示为

$$s(k,\theta_T,\theta_R,z') = \iiint \sigma(x,y,z) e^{-jk(R_T+R_R)} dxdydz \quad (3.1)$$

式中，$k=2\pi f/c$ 为波数，f 为工作频率，c 表示光速；笛卡尔坐标系下位置 (x,y,z) 处的目标散射系数由 $\sigma(x,y,z)$ 表示；R_T 与 R_R 分别表示发射天线与接收天线到目标的距离

$$R_T = \sqrt{\rho_T^2 + (z-z')^2}$$
$$R_R = \sqrt{\rho_R^2 + (z-z')^2}$$

式中

$$\rho_T = \sqrt{(x-R_0\sin\theta_T)^2 + (y+R_0\cos\theta_T)^2} \quad (3.2)$$

$$\rho_R = \sqrt{(x-R_0\sin\theta_R)^2 + (y+R_0\cos\theta_R)^2} \quad (3.3)$$

式中，R_0 表示柱面孔径的半径；θ_T 与 θ_R 分别表示发射与接收天线所对应的极角，如图 3.1 (b) 所示。因此，发射天线与接收天线在柱坐标系下的位置可分别用 (R_0,θ_T,z') 和 (R_0,θ_R,z') 表示。

对式(3.1)两侧首先沿机械扫描方向(即 z')做傅里叶变换,并利用傅里叶域中卷积的性质(时域相乘对应频域卷积),可以得到

$$s(k,\theta_T,\theta_R,k_{z'}) = \iiint \sigma(x,y,z)\mathcal{F}_{z'}[e^{-jkR_T}] \circledast_{k_{z'}} \mathcal{F}_{z'}[e^{-jkR_R}] dxdydz \quad (3.4)$$

式中,$\circledast_{k_{z'}}$ 表示对 $k_{z'}$ 维度的卷积;指数项 e^{-jkR_T} 和 e^{-jkR_R} 表示自由空间的格林函数,其关于 z' 的傅里叶变换可分别表示为[4,5]

$$\mathcal{F}_{z'}[e^{-jkR_T}] = e^{-j\sqrt{k^2-k_{z'}^2}\rho_T} e^{-jk_{z'}z} \quad (3.5)$$

$$\mathcal{F}_{z'}[e^{-jkR_R}] = e^{-j\sqrt{k^2-k_{z'}^2}\rho_R} e^{-jk_{z'}z} \quad (3.6)$$

将式(3.5)、式(3.6)代入式(3.4)中,得到

$$s(k,\theta_T,\theta_R,k_{z'}) = \iiint \sigma(x,y,z)\left[e^{-j\sqrt{k^2-k_{z'}^2}\rho_T}e^{-jk_{z'}z} \circledast_{k_{z'}} e^{-j\sqrt{k^2-k_{z'}^2}\rho_R}e^{-jk_{z'}z}\right] dxdydz$$
$$(3.7)$$

根据卷积的运算规则,上式可以化简为

$$s(k,\theta_T,\theta_R,k_{z'}) = \iiint \sigma(x,y,z)e^{-jk_{z'}z}\left[e^{-j\sqrt{k^2-k_{z'}^2}\rho_T} \circledast_{k_{z'}} e^{-j\sqrt{k^2-k_{z'}^2}\rho_R}\right] dxdydz$$
$$(3.8)$$

式中,方括号中的卷积关系需要进一步化简,根据定义,可表示为如下积分的形式

$$e^{-j\sqrt{k^2-k_{z'}^2}\rho_T} \circledast_{k_{z'}} e^{-j\sqrt{k^2-k_{z'}^2}\rho_R} = \int e^{-j\sqrt{k^2-\zeta^2}\rho_T} e^{-j\sqrt{k^2-(k_{z'}-\zeta)^2}\rho_R} d\zeta \quad (3.9)$$

上式中积分通常可采用驻定相位原理(POSP)进行求解[6],如

$$e^{-j\sqrt{k^2-k_{z'}^2}\rho_T} \circledast_{k_{z'}} e^{-j\sqrt{k^2-k_{z'}^2}\rho_R} \approx \sqrt{\frac{2\pi}{|\vartheta''(\zeta_0)|}} e^{\pm j\pi/4} e^{j\vartheta(\zeta_0)} \quad (3.10)$$

式中,$\vartheta = -\sqrt{k^2-\zeta^2}\rho_T - \sqrt{k^2-(k_{z'}-\zeta)^2}\rho_R$。

在上一章中讨论过类似的驻相点求解,由于需要求解四次方程,且会导致变量 ρ_T 与 ρ_R 出现在色散关系中,因此采用了近似解法。此处仍采用相同的处理方法求解上述积分的驻相点,有 $\zeta_0 \approx k_{z'}/2$。将其代入式(3.10),可得

$$e^{-j\sqrt{k^2-k_{z'}^2}\rho_T} \circledast_{k_{z'}} e^{-j\sqrt{k^2-k_{z'}^2}\rho_R} \approx \sqrt{\frac{2\pi}{|\vartheta''(\zeta_0)|}} e^{-j\pi/4} e^{-j\sqrt{k^2-\frac{k_{z'}^2}{4}}\rho_T} e^{-j\sqrt{k^2-\frac{k_{z'}^2}{4}}\rho_R} \quad (3.11)$$

式中,$\sqrt{\frac{2\pi}{|\vartheta''(\zeta_0)|}}$ 项仅存在于幅度中,对成像效果影响较小,可忽略。

为了评估式(3.11)中近似式的精确度,下面给出上述近似解与精确数值解之间的对比,精确解利用 MATLAB 中的卷积函数"conv"进行计算。为了评估误差的最差情况,设置发射天线与接收天线分别位于弧线两端,假定角度间隔为 40°,所考察点目标位于目标区域的边缘,假定距圆心 0.25 m,几何

关系如图3.1（b）所示，其他参数见表3.1。

表3.1　评估卷积效果所用弧线MIMO阵列扫描结构仿真参数

参数	数值
弧形阵列半径 R_0/m	1.0
信号频率/GHz	30
发射天线角度 θ_T(°)坐标	−20
接收天线角度 θ_R(°)坐标	20
高度向扫描步进间隔 Δz/cm	1.0
仿真点目标位置(x,y)/m	(0.25,0)

图3.2给出了卷积结果的实部与虚部随$k_{z'}$的变化曲线。从图中可见，由近似关系$\rho_T \approx \rho_R$引入的误差对卷积的影响很小。对于相距更近的收发天线，或者更接近圆心处的目标而言，卷积近似带来的误差会更小，因此可以保证成像的精度要求。

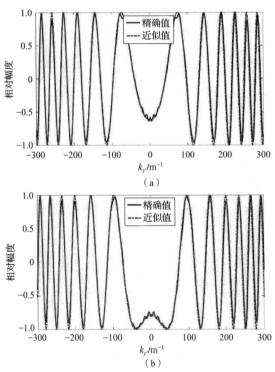

图3.2　卷积精确值与近似值对比（书后附彩插）

(a) 实部对比结果；(b) 虚部对比结果

将式(3.11)代入式(3.8)中,得到

$$s(k,\theta_T,\theta_R,k_{z'}) = \iiint \sigma(x,y,z)e^{-jk_{z'}z}e^{-jk_\rho\rho_T}e^{-jk_\rho\rho_R}dxdydz \quad (3.12)$$

式中,省略了 $\sqrt{\dfrac{2\pi}{|\vartheta''(\zeta_0)|}}$ 及常数相位 $e^{-j\pi/4}$,另外,有

$$k_\rho = \sqrt{k^2 - k_{z'}^2/4} \quad (3.13)$$

基于式(3.2)及式(3.3),可以将柱面波分解为平面波的叠加,即

$$e^{-jk_\rho\rho_T} = \int e^{-jk_{x_T}(x-x_T)}e^{-jk_{y_T}(y-y_T)}dk_{x_T} \quad (3.14)$$

$$e^{-jk_\rho\rho_R} = \int e^{-jk_{x_R}(x-x_R)}e^{-jk_{y_R}(y-y_R)}dk_{x_R} \quad (3.15)$$

式中,坐标关系满足 $x_T = R_0\sin\theta_T$,$y_T = -R_0\cos\theta_T$,$x_R = R_0\sin\theta_R$ 与 $y_R = -R_0\cos\theta_R$;波数关系满足 $k_{x_T}^2 + k_{y_T}^2 = k_\rho^2$,$k_{x_R}^2 + k_{y_R}^2 = k_\rho^2$。

将式(3.14)与式(3.15)代入式(3.12)中,得到

$$s(k,\theta_T,\theta_R,k_{z'}) = \iiint \sigma(x,y,z)e^{-jk_{z'}z} \cdot$$
$$e^{-j(k_{x_T}+k_{x_R})x}e^{-j(k_{y_T}+k_{y_R})y}e^{jk_{x_T}x_T}e^{jk_{y_T}y_T}e^{jk_{x_R}x_R}e^{jk_{y_R}y_R}dxdydzdk_{x_T}dk_{x_R} \quad (3.16)$$

显然,其中关于 x,y,z 的项可以表示为 $\sigma(x,y,z)$ 的三维傅里叶变换,即

$$s(k,\theta_T,\theta_R,k_z) = \iint \sigma(k_x,k_y,k_z)e^{jk_{x_T}x_T}e^{jk_{y_T}y_T}e^{jk_{x_R}x_R}e^{jk_{y_R}y_R}dk_{x_T}dk_{x_R} \quad (3.17)$$

式中

$$k_x = k_{x_T} + k_{x_R} \quad (3.18)$$

$$k_y = k_{y_T} + k_{y_R} \quad (3.19)$$

$$k_z = k_{z'} \quad (3.20)$$

式(3.17)右侧积分中的指数项在极坐标系内较容易补偿掉,上述空间频率在两种坐标系下的变换关系为

$$k_{x_{T/R}} = k_\rho\sin\phi_{T/R} \quad (3.21)$$

$$k_{y_{T/R}} = -k_\rho\cos\phi_{T/R} \quad (3.22)$$

于是,式(3.17)中的积分变量可近似转换为 $dk_{x_T}dk_{x_R} \approx k_\rho^2\cos\phi_T\cos\phi_R d\phi_T d\phi_R$,则式(3.17)变为如下形式

$$s(k,\theta_T,\theta_R,k_z) = k_\rho^2 \iint \sigma(k_\rho,\phi_T,\phi_R,k_z)\cos\phi_T\cos\phi_R e^{jk_\rho R_0\cos(\theta_T-\phi_T)}e^{jk_\rho R_0\cos(\theta_R-\phi_R)}d\phi_T d\phi_R \quad (3.23)$$

显然,上式中关于 ϕ_T 与 ϕ_R 的积分可以分别表示为对应 θ_T 与 θ_R 的卷积,即

$$s(k,\theta_T,\theta_R,k_z) = k_\rho^2 \sigma(k_\rho,\theta_T,\theta_R,k_z)\cos\theta_T\cos\theta_R \circledast_T e^{jk_\rho R_0\cos\theta_T} \circledast_R e^{jk_\rho R_0\cos\theta_R} \quad (3.24)$$

式中，$\circledast_T$ 与 $\circledast_R$ 分别表示 θ_T 域和 θ_R 域的卷积。

根据式（3.24）可知，恢复 $\sigma(k_\rho, \theta_T, \theta_R, k_z)$ 需要补偿掉与 θ_T 和 θ_R 相关的两项卷积（即反卷积过程）。而这一处理在傅里叶域较为简单，因此，首先将 (θ_T, θ_R) 域的数据变换至其傅里叶域 (ξ_T, ξ_R)，这样卷积变为相乘关系，如下所示

$$s(k, \xi_T, \xi_R, k_z) = k_\rho^2 \tilde{\sigma}(k_\rho, \xi_T, \xi_R, k_z) \mathcal{F}_{\theta_T}[e^{jk_\rho R_0 \cos\theta_T}] \mathcal{F}_{\theta_R}[e^{jk_\rho R_0 \cos\theta_R}] \quad (3.25)$$

式中，ξ_T 与 ξ_R 分别表示 θ_T 与 θ_R 的傅里叶变换域；$\tilde{\sigma}(k_\rho, \xi_T, \xi_R, k_z)$ 表示 $\sigma(k_\rho, \theta_T, \theta_R, k_z)\cos\theta_T\cos\theta_R$ 关于 θ_T 与 θ_R 的傅里叶变换。

上式中的 $\mathcal{F}_{\theta_{T/R}}[e^{jk_\rho R_0 \cos\theta_{T/R}}]$ 可进一步表示为[5]

$$\mathcal{F}_{\theta_{T/R}}[e^{jk_\rho R_0 \cos\theta_{T/R}}] = H^{(1)}_{\xi_{T/R}}(k_\rho R_0) e^{j\pi\xi_{T/R}/2} \quad (3.26)$$

式中，$H^{(1)}_{\xi_{T/R}}$ 表示 $\xi_{T/R}$ 阶的第一类汉克尔函数。

于是，式（3.26）两侧除以上述汉克尔函数与指数项，并利用关于 ξ_T 与 ξ_R 的逆傅里叶变换，即可得到

$$\sigma(k_\rho, \theta_T, \theta_R, k_z) = \frac{1}{k_\rho^2 \cos\theta_T \cos\theta_R} \mathcal{F}^{-1}_{\xi_{T/R}}\left[\frac{s(k, \xi_T, \xi_R, k_z) e^{-j\pi\xi_T/2} e^{-j\pi\xi_R/2}}{H^{(1)}_{\xi_T}(k_\rho R_0) H^{(1)}_{\xi_R}(k_\rho R_0)}\right] \quad (3.27)$$

为了利用快速傅里叶变换由 $\sigma(k_\rho, \theta_T, \theta_R, k_z)$ 得到 $\sigma(x, y, z)$，需要将其插值并降维至直角坐标格式 $\sigma(k_x, k_y, k_z)$。然而，基于式（3.21）、式（3.22）可知，由于收发阵列对应的 k_ρ 维是耦合在一起的（对应的数据被重复用到），所以无法直接由 $(k_\rho, \theta_T, \theta_R)$ 域插值至 $(k_{x_T}, k_{y_T}, k_{x_R}, k_{y_R})$ 域。为了实现插值，首先将数据从 $(k_\rho, \theta_T, \theta_R)$ 域映射至 $(k_{\rho_T}, \theta_T, k_{\rho_R}, \theta_R)$。具体过程如下：引入关系 $k = k_T + k_R$，将 k 升至两维，即对于某一波数 k_n 可表示为

$$k_n = k_{T_p} + k_{R_q}, \quad \text{s.t.} \ n = p + q \quad (3.28)$$

式中，$n = 0, 1, \cdots, N-1$；$p = 0, 1, \cdots, N-1$；$q = 0, 1, \cdots, N-1$；N 为频点个数。具体实现如图 3.3 所示。

由式（3.13），可得如下近似替代关系

$$k_{\rho_T} = \sqrt{4k_T^2 - k_{z'}^2/4} \quad (3.29)$$

$$k_{\rho_R} = \sqrt{4k_R^2 - k_{z'}^2/4} \quad (3.30)$$

以上色散关系仅对于图 3.3 所示的对角线数据是准确的，在其他位置处存在一定误差，但该误差对成像的影响可忽略不计[2]。

从而获得了 $(k_{\rho_T}, \theta_T, k_{\rho_R}, \theta_R)$ 域的数据分布，进一步利用式（3.21）、式（3.22）所示的转换关系，将数据插值至 $(k_{x_T}, k_{y_T}, k_{x_R}, k_{y_R})$ 空间，之后降维得到 $\sigma(k_x, k_y, k_z)$，再利用三维 IFFT 可获得最终成像结果 $\sigma(x, y, z)$。

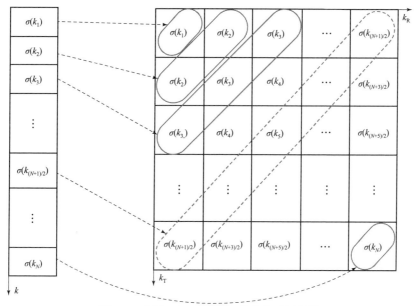

图 3.3 由到 $\sigma(k_T, k_R, \cdots)$ 升维关系示意图

综上所述，弧线 MIMO-SAR 的波数域成像算法的流程如图 3.4 所示，计算复杂度见表 3.2。

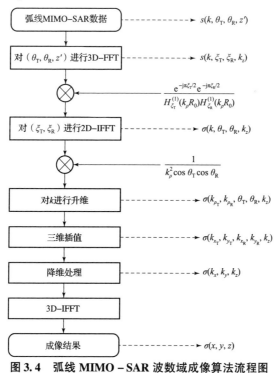

图 3.4 弧线 MIMO-SAR 波数域成像算法流程图

表 3.2 弧线 MIMO – SAR 的波数域成像算法计算复杂度

步骤	浮点运算次数	备注
对 (θ_T, θ_R, z') 进行 3D – FFT	$20 N_z N_{\theta_R}^2 N_f \log_4 N_z N_{\theta_R}^2$	N_{θ_R}、N_z 和 N_f：接收天线个数、高度向扫描数与频点数。发射阵元间采用补零来保证与接收阵列有相同的等效阵元间距。针对 θ_T 与 θ_R 进行 FFT 补零到 $2N_{\theta_R}$
参考函数相乘	$24 N_z N_{\theta_R}^2 N_f^*$	
对 (ξ_T, ξ_R) 进行 2D – IFFT	$40 N_z N_{\theta_R}^2 N_f \log_2 N_{\theta_R}$	IFFT 后对 (θ_T, θ_R) 截断，收发角度维点数变为 N_{θ_R}
乘以实数因子	$2 N_z N_{\theta_R}^2 N_f^+$	
升维	—	k_T、k_R 的个数均为 $N_f/2$
对 (k_{x_T}, k_{y_T}) 插值	$7 M_x M_y N_{\theta_R} N_f N_z$	采用双线性插值实现，M_x 和 M_y 为对方位向和距离向进行双线性插值后的频率点数
降维	$2(M_x-1)^2 M_y^2 N_z +$ $2(2M_x-1)(M_y-1)^2 N_z^{++}$	
对 (k_x, k_y, k_z) 进行 3D – IFFT	$5 P_x P_y P_z \lg P_x P_y P_z$	P_x、P_y 和 P_z：方位向、距离向和高度向的像素点数

*：乘以 $\dfrac{\mathrm{e}^{-\mathrm{j}\pi\xi_T/2}\mathrm{e}^{-\mathrm{j}\pi\xi_R/2}}{H_{\xi_T}^{(1)}(k_\rho R_0) H_{\xi_R}^{(1)}(k_\rho R_0)}$。

+：乘以 $\dfrac{1}{k_\rho^2 \cos\theta_T \cos\theta_R}$。

++：降维分为两步：首先循环遍历 (k_{y_T}, k_{y_R}, k_z)，根据公式 $k_x = k_{x_T} + k_{x_R}$ 对 (k_{x_T}, k_{x_R}) 进行求和降维；类似地，循环遍历 (k_x, k_z) 对 (k_{y_T}, k_{y_R}) 进行降维。

3.3 关键性能参数分析

3.3.1 采样准则分析

与直线 MIMO – SAR 的采样准则分析类似，此处仅给出天线阵列维度（包括机械扫描维）的单元间距分析。假定接收阵列为满采样阵列，如图 3.5 所示，下面给出对其天线单元间距要求的分析。

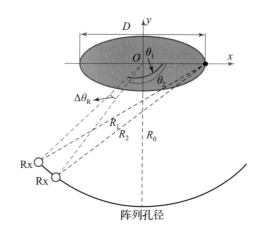

图 3.5 弧线 MIMO 阵列采样准则说明示意图

类似上一章分析，为避免出现频谱混叠现象，两个相邻接收天线的数据相位差需小于等于 π。根据图 3.5 所示接收阵元与目标的相对位置关系，有

$$R_1 = \sqrt{R_0^2 + \frac{D^2}{4} - R_0 D \cos\theta_1} \approx R_0 - \frac{D\cos\theta_1}{2}$$

$$R_2 = \sqrt{R_0^2 + \frac{D^2}{4} - R_0 D \cos\theta_2} \approx R_0 - \frac{D\cos\theta_2}{2}$$

考虑到 $\theta_1 = \theta_2 + \Delta\theta_R$，可以得到

$$k|R_1 - R_2| \approx k\frac{D\sin\theta_2 \sin\Delta\theta_R}{2} \leq k\frac{D\sin\Delta\theta_R}{2} \approx k\frac{D\Delta\theta_R}{2} \leq \pi \quad (3.31)$$

因此，有

$$\Delta\theta_R \leq \frac{\lambda_{\min}}{D} \quad (3.32)$$

式中，$\lambda_{\min}$ 表示电磁波最小工作频率对应的波长；D 表示目标方位向的最大尺寸。

对于欠采样发射阵列而言，至少应在接收阵列的两端处均放置发射天线，使 MIMO 阵列与相同孔径的单站阵列具有类似的分辨率。与上一章分析类似，这里给出不同欠采样阵列对成像影响的仿真结果对比。以包含 61 对收发天线的单站弧线满阵列的方位向成像结果为基准，对比具有 N_T 个发射天线与 31 个接收天线的弧线 MIMO 阵列的方位向成像结果，如图 3.6 所示。值得注意的是，式（3.24）中的卷积操作相当于对目标空间频域数据进行了加窗，导致 MIMO 阵列的分辨率略差于同尺寸单站满阵列的分辨率。此外，当欠采样阵元数目过少时，补零 FFT 的误差较大，可能会影响目标的成像效果（例如 $N_T = 2$ 时）。故在条件允许的情况下，应尽可能地增大欠采样阵列的阵元数量。

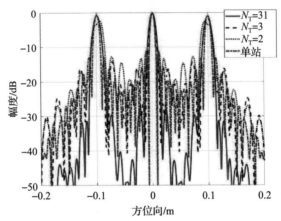

图 3.6 弧线 MIMO 阵列不同欠采样单元成像结果对比（书后附彩插）

总之，由上述对比可见，包含一维欠采样与一维满采样的 MIMO 阵列可以获得与相同孔径单站满阵列可比拟的分辨率。

与直线 MIMO-SAR 类似，机械扫描维的间隔需满足如下要求

$$\Delta z' \leqslant \frac{\lambda_{\min}}{4\sin\dfrac{\Theta_z}{2}} \tag{3.33}$$

式中，Θ_z 表示为

$$\Theta_z = \min\left\{\Theta_{z_{\text{antenna}}}, 2\arcsin\left[\frac{(L_z + D_z)/2}{\sqrt{R_0^2 + (L_z + D_z)^2/4^2}}\right]\right\} \tag{3.34}$$

式中，L_z 表示机械扫描范围；D_z 表示目标高度向的最大跨度；$\Theta_{z_{\text{antenna}}}$ 为天线单元在高度向的主瓣宽度。

3.3.2 分辨率分析

首先，分析弧线 MIMO 阵列维度对应的方位向分辨率。与单站柱面成像的

目标频谱对比可见,式(3.27)包含了发射阵列与接收阵列对应频谱的卷积关系。因此,方位向 PSF 可认为是发射阵列与接收阵列对应 PSF 的乘积。从而,目标三维 PSF 可表示为

$$\sigma_{\text{psf}}(x,y,z) \approx \text{sinc}\left(\frac{B_{k_{x_T}}}{2\pi}x\right)\text{sinc}\left(\frac{B_{k_{x_R}}}{2\pi}x\right)\text{sinc}\left(\frac{2B}{c}y\right)\text{sinc}\left(\frac{B_{k_z}}{2\pi}z\right) \quad (3.35)$$

式中,$\text{sinc}(x) = \sin(\pi x)/\pi x$;$B_{k_{x_T}}$ 与 $B_{k_{x_R}}$ 分别表示空间频率域 k_{x_T} 与 k_{x_R} 的范围;B 为电磁波的工作带宽;B_{k_z} 表示 k_z 的范围。

对于收发阵列具有相同孔径尺寸的情形,由式(3.21)可得 $B_{k_{x_T}}$ 与 $B_{k_{x_R}}$ 均约为 $2k_c\sin(\Theta_h/2)$,其中,k_c 表示中心频率对应的波数,Θ_h 可表示为

$$\Theta_h = \min\left\{\Theta_{a_{\text{antenna}}}, 2\arcsin\left[\frac{(L_a + D_a)/2}{\sqrt{R_0^{'2} + (L_a + D_a)^2/4}}\right]\right\} \quad (3.36)$$

式中,$\Theta_{a_{\text{antenna}}}$ 表示天线单元在水平维的波束宽度;R_0' 表示弧线阵圆心至阵列对应弦的距离;L_a 表示弧线阵列的弦长;D_a 表示目标方位向跨度。这样,方位向分辨率可进一步表示为

$$\delta_x \approx \frac{0.318\,9\lambda_c}{\sin\frac{\Theta_h}{2}} \quad (3.37)$$

式中,系数 0.318 9 为两个 sinc 函数乘积的 3 dB 宽度的一半。

同理,由式(3.35)可得高度向分辨率

$$\delta_z = \frac{0.221\,5\lambda_c}{\sin\frac{\Theta_z}{2}} \quad (3.38)$$

式中,0.221 5 为单个 sinc 函数 3 dB 宽度的 1/4;与式(3.36)类似,Θ_z 表示阵列高度向阵列孔径对应目标的张角与天线波束宽度中较小的一个。

最后,若雷达发射信号的带宽为 B,则距离向分辨率为

$$\delta_y = \frac{0.443c}{B} \quad (3.39)$$

3.3.3 解卷积分析

本节将讨论算法中解卷积部分对空间频谱及成像的影响。由算法的推导过程可见,式(3.24)右侧关于 θ_T 与 θ_R 的线性卷积,是在对应的傅里叶域实现反卷积的[见式(3.27)]。由于快速离散傅里叶变换(包括逆变换)具有周期性,所以利用 FFT 或 DFT 实现快速卷积与反卷积,实际上是周期卷积或循环卷积。实现线性卷积则需要对序列进行补零至合适长度[6]。

假设数据沿 θ_T 与 θ_R 维度的最大范围均为 Θ。下面以式（3.24）中 $\sigma(k_\rho, \theta_T, \theta_R, k_z)\cos\theta_R \circledast_R e^{jk_\rho R_0 \cos\theta_R}$ 对应的傅里叶域解卷积进行说明，即

$$\mathcal{F}^{-1}_{\xi_R}\left[\frac{s(k,\xi_T,\xi_R,k_z)e^{-j\pi\xi_R/2}}{H^{(1)}_{\xi_R}(k_\rho R_0)}\right] \tag{3.40}$$

该式为（3.27）右侧的一部分。当 $k_\rho R_0 \gg \xi_R$ 时，有

$$\frac{e^{-j\pi\xi_R/2}}{H^{(1)}_{\xi_R}(k_\rho R_0)} \approx e^{-j\sqrt{k_\rho^2 R_0^2 - \xi_R^2}} \tag{3.41}$$

从而式（3.40）中括号内的项 $\dfrac{s(k,\xi_T,\xi_R,k_z)e^{-j\pi\xi_R/2}}{H^{(1)}_{\xi_R}(k_\rho R_0)}$ 可以认为是 $s(k,\xi_T,\theta_R,k_z)$ 与 $f(\theta_R) = \mathcal{F}^{-1}_{\xi_R}[e^{-j\sqrt{k_\rho^2 R_0^2 - \xi_R^2}}]$ 的卷积在傅里叶域内的实现。由此可见，要利用 FFT 正确执行该线性卷积，即 $s(k,\xi_T,\xi_R,k_z)e^{-j\sqrt{k_\rho^2 R_0^2 - \xi_R^2}}$，则需要对序列 $s(\sim,\sim,\theta_R,\sim)$ 及 $f(\theta_R) = \mathcal{F}^{-1}_{\xi_R}[e^{-j\sqrt{k_\rho^2 R_0^2 - \xi_R^2}}]$ 进行合适的补零。$f(\theta_R)$ 的分布范围可以通过对相位项的微分进行估算[7]，即

$$\frac{d}{d\xi_R}\left(-\sqrt{k_\rho^2 R_0^2 - \xi_R^2}\right) = \frac{\xi_R}{\sqrt{k_\rho^2 R_0^2 - \xi_R^2}} \tag{3.42}$$

显然，该瞬时频率是关于 ξ_R 的单调递增函数，其最大值为 $\xi_{Rmax} = \pi/\Delta\theta_R$。利用式（3.32），可以得到 $\xi_{Rmax} \geqslant k_\rho D/2$。因此，式（3.42）的最大值约为

$$\frac{\xi_{Rmax}}{\sqrt{k_\rho^2 R_0^2 - \xi_{Rmax}^2}} \approx \frac{D}{2R_0} \tag{3.43}$$

假定目标的跨度与弧形孔径范围相同，则有 $\Theta \approx \dfrac{D_{max}}{2R_0}$。因此，为避免循环卷积出现混叠效应，应对数据 $s(\sim,\sim,\theta_R,\sim)$ 及 $e^{jk_\rho R_0\cos\theta_R}$ 至少补零到 2Θ 范围[6]。

以下给出仿真验证。图 3.7 给出了对式（3.27）左侧数据升维之后，即 $G(k_{\rho_T},k_{\rho_R},\theta_T,\theta_R,k_z)$ 关于 (k_ρ,θ_R) 切面的空间频谱分布，原始数据 $s(\sim,\sim,\theta_R,\sim)$ 及 $e^{jk_\rho R_0\cos\theta_R}$ 未进行补零。图 3.8 表示了数据补零之后的频谱结果。两者对比可见，由未补零数据获得的目标空间频谱出现了混叠现象。此外，为了提高算法计算效率，可以将图 3.8 所示的频域数据按照其实际分布范围进行截取，如图 3.9 所示。

进一步，我们给出成像结果验证，将目标置于成像区域边缘，以更好地展示混叠效应带来的影响。其中，图 3.10 给出的是原始数据未经补零操作的成像结果，图 3.11 给出的是经过补零之后的成像结果。从两图的结果对比可见，未补零时，图像中出现了由频谱混叠引起的虚假目标（真实目标的上方偏右）；而补零之后，虚假目标消失。

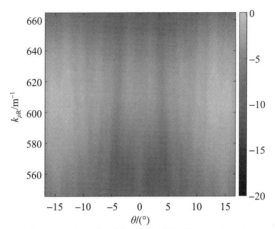

图 3.7 解卷积之后点目标的频谱（未补零）

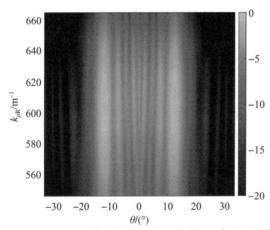

图 3.8 解卷积之后点目标的频谱（补零）（书后附彩插）

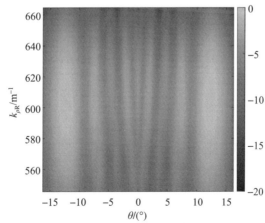

图 3.9 解卷积之后点目标的频谱（补零加范围截取）（书后附彩插）

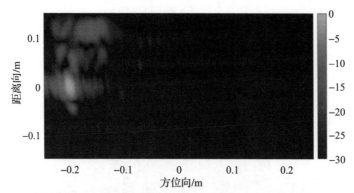

图 3.10 点目标二维成像结果（未补零）（书后附彩插）

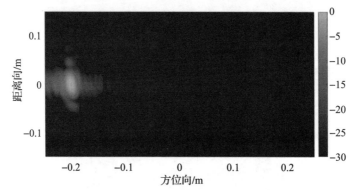

图 3.11 点目标二维成像结果（补零）（书后附彩插）

3.4 数值仿真实验

本节给出上述弧线 MIMO-SAR 成像的数值仿真验证，具体参数设置见表 3.3。

表 3.3 弧线 MIMO-SAR 成像仿真参数

参数	数值
信号起始频率/GHz	30
信号终止频率/GHz	35
弧线 MIMO 阵半径/m	1.0
步进频率点数	41
高度向扫描间隔/cm	0.5
高度向扫描个数	121

续表

参数	数值
弧线方向发射阵列天线间隔/cm	14.6
弧线方向接收阵列天线间隔/cm	0.97
弧线方向发射天线个数	5
弧线方向接收天线个数	61

首先给出点目标模型的成像结果。设置 27 个散射点作为成像目标,中心目标位于原点位置,所有相邻的目标点距离向、方位向、高度向距离均为 0.1 m,如图 3.12 所示。图 3.13 给出了本章波数域算法与 BP 算法的三维成像结果。为了呈现图像细节,将过中心目标的二维及一维切面图分别表示于图 3.14、图 3.15 中。由于波数域算法中解卷积处理影响了目标频谱范围,因此,在方位向和距离向的分辨率略差于 BP 算法。

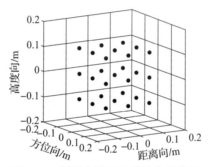

图 3.12 理想点目标三维分布示意图

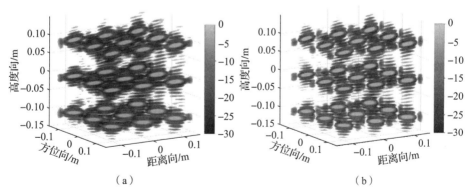

图 3.13 弧线 MIMO - SAR 三维成像结果(书后附彩插)(书后附彩插)

(a)波数域算法三维成像结果;(b)BP 算法三维成像结果

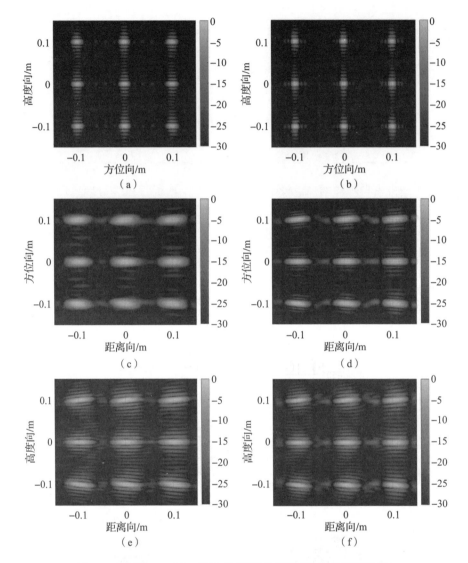

图 3.14 弧线 MIMO – SAR 二维切面成像结果（书后附彩插）

(a) 波数域算法方位向 – 高度向切面；(b) BP 算法方位向 – 高度向切面；
(c) 波数域算法距离向 – 方位向切面；(d) BP 算法距离向 – 方位向切面；
(e) 波数域算法距离向 – 高度向切面；(f) BP 算法距离向 – 高度向切面

在成像时间方面，波数域算法具有明显优势，耗时约为 78.27 s，而 BP 算法的耗时约为 3 709 s（均在 MATLAB 平台上评估时间）。对于人体成像而言，波数域算法的计算时间还需进一步减少，可采取的措施包括移植到 C 语言平台、采用并行处理等。

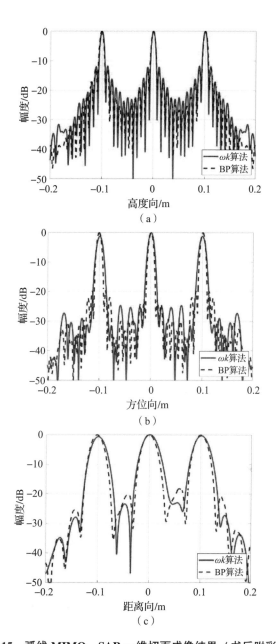

图 3.15　弧线 MIMO – SAR 一维切面成像结果（书后附彩插）

(a) 高度向切面成像结果；(b) 方位向切面成像结果；(c) 距离向切面成像结果

最后，使用电磁仿真软件 FEKO[8] 进一步验证弧线 MIMO – SAR 体制波数域算法的有效性。为了实现仿真加速，采用简化的散射模型（大面元网格划分）与物理光学法进行回波数据的计算，本书中所有 FEKO 仿真数据均由此方法获得。其仿真参数与表 3.3 中相同，仿真所用目标模型为金属材质的分辨率板，如图 3.16 所示，最窄缝隙短边长度与最小孔半径均为 5 mm。阵列方位向与高度向理论分辨率均为 4.5 mm。波数域算法与 BP 算法重构的三维成像结果及方位向 – 高度向截面如图 3.17 所示。可见，波数域算法的成像质量与 BP 算法接近，进一步验证了其有效性。

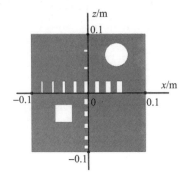

图 3.16　FEKO 仿真分辨率板模型

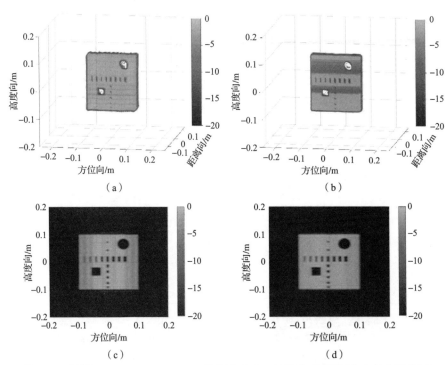

图 3.17　弧线 MIMO – SAR FEKO 仿真方位向 – 高度向成像结果（书后附彩插）
（a）波数域算法三维成像结果；（b）BP 算法三维成像结果；
（c）波数域算法方位向 – 高度向切面；（d）BP 算法方位向 – 高度向切面

3.5 实测数据实验

本节给出基于实测数据的成像验证。实验场景如图 3.18 所示，其中包括两个独立的扫描平台，每个平台主要由弧形及竖直向导轨构成。喇叭天线可以在弧形导轨上水平移动，以控制其角度坐标，高度位置由竖直导轨控制，喇叭天线与导轨的连接如图 3.19 所示。收发天线均与矢量网络分析仪（VNA）连接，在每一个收发天线扫描位置，电脑控制 VNA 收发射频信号。遍历每个高度的所有收发阵元位置，可近似实现弧线 MIMO – SAR 成像体制。具体实验参数见表 3.4。

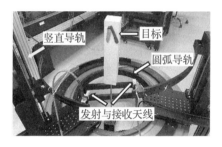

图 3.18 弧线 MIMO – SAR 实验场景

图 3.19 喇叭天线与导轨的连接

表 3.4 弧线 MIMO – SAR 成像实验参数

参数	数值
信号起始频率/GHz	22
信号终止频率/GHz	26
弧线 MIMO 阵半径/m	0.45
步进频率点数	201
高度向扫描间隔/mm	5.0
高度向扫描个数	51
弧线方向发射阵列天线间隔/(°)	15
弧线方向接收阵列天线间隔/(°)	1
等效弧线方向发射天线个数	5
等效弧线方向接收天线个数	61
弧线方向收发阵列总角度/(°)	60
高度向扫描长度/m	0.25

目标刀具成像的三维及水平高度维切面结果，如图 3.20 所示。由图可见，BP 算法对于刀柄的恢复更加饱满，幅度稍大。总体而言，波数域算法的图像重构效果与 BP 算法类似。而在相同分辨率与网格精度的条件下，波数域算法与 BP 算法成像时间分别为 51.46 s 和 2 594.44 s，由此说明了弧线 MIMO – SAR 波数域成像算法的计算效率。

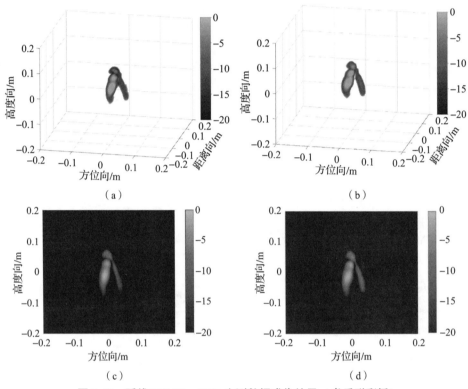

图 3.20　弧线 MIMO – SAR 实测数据成像结果（书后附彩插）

(a) 波数域算法三维成像结果；(b) BP 算法三维成像结果；
(c) 波数域算法方位向 – 高度向切面；(d) BP 算法方位向 – 高度向切面

3.6　本章小结

本章主要研究了弧线 MIMO – SAR 体制的波数域三维成像算法及参数分析。与直线 MIMO 阵列相比，弧线阵可以实现更大的观察角度，在近场人体安检目标成像领域更具优势。本章给出了该扫描体制的近场波数域三维成像算法推导，并详细分析了指标参数。数值及实测结果证明了该体制与算法的有效性。

参 考 文 献

[1] Gumbmann F, Schmidt L-P. Millimeter-Wave Imaging With Optimized Sparse Periodic Array for Short-Range Applications [J]. IEEE Transactions on Geoscience and Remote Sensing, 2011, 49 (10): 3629-3638.

[2] Li S, Wang S, Zhao G, et al. Millimeter-wave imaging via circular-arc MIMO arrays [J]. IEEE Transactions on Microwave Theory and Techniques, 2023, 71 (7): 3156-3172.

[3] Wu S, Wang H, Li C, et al. A modified Omega-K algorithm for near-field single-frequency MIMO-arc-array-based azimuth imaging [J]. IEEE Transactions on Antennas and Propagation, 2021, 69 (8): 4909-4922.

[4] Soumekh M. Synthetic aperture radar signal processing with MATLAB algorithm [M]. John Wiley & Sons, Inc., 1999.

[5] Soumekh M. Reconnaissance with slant plane circular SAR imaging [J]. IEEE Transactions on Image Processing, 1996, 5 (8): 1252-1265.

[6] Cumming I G, Wong F H. Digital processing of synthetic aperture radar data [M]. Artech House, Boston, 2005.

[7] Soumekh M. Echo imaging using physical and synthesized arrays [J]. Optical Engineering, 1990, 29 (5): 545-554.

[8] Altair Engineering. Altair Feko. Accessed: Dec. 10, 2021. [Online]. Available: https://www.altair.com/feko.

第 4 章
折线 MIMO – SAR 成像

4.1 引言

第 2、3 章讨论了直线与弧线 MIMO – SAR 成像体制及成像算法。对于近场人体安检成像而言，与直线阵列相比，沿水平放置的弧线 MIMO 阵列可以更有效地观测人体侧面携带的隐匿危险物品，因而具有更广阔的应用前景。然而，从阵列加工的角度而言，大孔径的弧形天线阵列相比直线阵列加工难度更高，且天线单元需要共形设计，增加了系统成本。为解决上述问题，本章研究了弧线阵列的近似形式——折线阵列[1,2]。由于沿折线方向无法整体利用快速傅里叶变换处理数据，因此，折线阵列可设计为独立的子阵形式（即收发组合仅限定在子阵内），以降低数据冗余量。

折线阵列不规则的空间采样形式增大了获取快速成像算法的难度。针对这一问题，本章首先研究了基于时频混合处理的近场三维成像算法（简称"时频混合算法"）。具体来说，时频混合算法在机械扫描方向采用空间频率域处理方法，而沿阵列方向采用类似于逆投影（BP）算法的时域处理方法。此外，将时频混合算法与非均匀快速傅里叶变换（Nonuniform Fast Fourier Transform，NUFFT）[3-6]相结合，以提高计算效率。上述算法可用于任何不规则阵列的扫描成像体制，其缺点是当阵元数量较多，且水平维像素数目也较多时，时域处理会明显增加计算时间。为解决这一问题，本章进一步给出了一种等效波数域成像方法。考虑到折线段属于折线阵列外接圆的弦，因此，采用相位补偿方法将折线阵接收数据等效至弧线孔径上，并将 MIMO 数据等效为单站数据。经过上述处理后，即可采用单站圆柱孔径的波数域算法进行成像，从而极大提高了计算效率。

本章各节内容安排如下：4.2 节讨论了一种折线 MIMO – SAR 成像体制，以及相应的时频域混合成像算法，并分析了折线阵列的关键性能参数设计；

4.3 节给出了折线 MIMO – SAR 阵列扫描体制的等效波数域成像算法,分析了折线 – 弧线变换引入的误差。最后是本章内容总结。

4.2 折线 MIMO – SAR 时频域混合成像技术

本节首先给出一种多段折线型阵列扫描成像体制,其中,折线阵列设置于水平方向,竖直方向为机械扫描,从而可形成多平面孔径。折线阵列的具体实现方式可为单站或 MIMO 形式,本章仅讨论后者,即折线 MIMO 阵列扫描成像体制(简称折线 MIMO – SAR)[1,2]。折线型阵列与弧线阵列类似,可以保证天线单元波束均匀覆盖成像区域。与弧线阵列相比,模块化的折线子阵更易加工与维护,且减少了数据冗余。本节针对折线 MIMO – SAR,讨论基于时频混合处理的近场三维成像算法及阵列参数设计。

4.2.1 折线 MIMO – SAR 时频域混合成像算法

折线 MIMO – SAR 的拓扑结构如图 4.1 所示。发射天线位于每段折线子阵的两端,接收天线在折线段上呈等间距分布,其坐标位置分别用 $(\boldsymbol{r}_\mathrm{T}, z')$ 与 $(\boldsymbol{r}_\mathrm{R}, z')$ 表示,其中,$\boldsymbol{r}_\mathrm{T}=(x'_\mathrm{T}, y'_\mathrm{T})$,$\boldsymbol{r}_\mathrm{R}=(x'_\mathrm{R}, y'_\mathrm{R})$。对于电大尺寸目标,解调后的目标散射回波信号可近似表示为

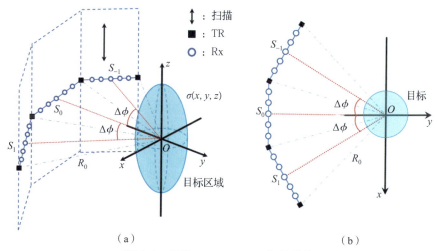

图 4.1 折线 MIMO – SAR 拓扑结构

(a) 折线 MIMO – SAR 成像示意图;(b) 水平切面图

$$s(\boldsymbol{r}_\mathrm{T}, \boldsymbol{r}_\mathrm{R}, z', k) = \iiint \sigma(x,y,z) \mathrm{e}^{-jk(R_\mathrm{T}+R_\mathrm{R})} \mathrm{d}x\mathrm{d}y\mathrm{d}z \qquad (4.1)$$

式中,发射天线与接收天线到目标的距离分别为

$$R_T = \sqrt{\rho_T^2 + (z-z')^2} \tag{4.2}$$
$$R_R = \sqrt{\rho_R^2 + (z-z')^2}$$

式中，ρ_T 与 ρ_R 分别表示为

$$\rho_T = \sqrt{(x-x'_T)^2 + (y-y'_T)^2} \tag{4.3}$$
$$\rho_R = \sqrt{(x-x'_R)^2 + (y-y'_R)^2}$$

首先，对式（4.1）做 z' 的傅里叶变换将高度维数据转换至空间频率域，并利用傅里叶域中卷积的性质（时域相乘对应频域卷积[7]）得到

$$s(\boldsymbol{r}_T, \boldsymbol{r}_R, k_{z'}, k) = \iiint \sigma(x,y,z) \mathcal{F}_{z'}[e^{-jkR_T}] \circledast_{k_{z'}} \mathcal{F}_{z'}[e^{-jkR_R}] dxdydz \tag{4.4}$$

式中，e 指数项的傅里叶变换可进一步表示为[8,9]

$$\mathcal{F}_{z'}[e^{-jkR_T}] = e^{-j\sqrt{k^2-k_{z'}^2}\rho_T} e^{-jk_{z'}z} \tag{4.5}$$

$$\mathcal{F}_{z'}[e^{-jkR_R}] = e^{-j\sqrt{k^2-k_{z'}^2}\rho_R} e^{-jk_{z'}z} \tag{4.6}$$

将式（4.5）、式（4.6）代入式（4.4）中得到

$$s(\boldsymbol{r}_T, \boldsymbol{r}_R, k_{z'}, k) = \iiint \sigma(x,y,z) e^{-jk_{z'}z} [e^{-j\sqrt{k^2-k_{z'}^2}\rho_T} \circledast_{k_{z'}} e^{-j\sqrt{k^2-k_{z'}^2}\rho_R}] dxdydz \tag{4.7}$$

上式方括号内的卷积可以表示为

$$e^{-j\sqrt{k^2-k_{z'}^2}\rho_T} \circledast_{k_{z'}} e^{-j\sqrt{k^2-k_{z'}^2}\rho_R} = \int e^{-j\sqrt{k^2-\zeta^2}\rho_T} e^{-j\sqrt{k^2-(k_{z'}-\zeta)^2}\rho_R} d\zeta \tag{4.8}$$

对于该积分的求解，借助前两章中的近似处理方法，可得到

$$e^{-j\sqrt{k^2-k_{z'}^2}\rho_T} \circledast_{k_{z'}} e^{-j\sqrt{k^2-k_{z'}^2}\rho_R} \approx e^{-j\sqrt{k^2-\frac{k_z^2}{4}}\rho_T} e^{-j\sqrt{k^2-\frac{k_z^2}{4}}\rho_R} \tag{4.9}$$

将式（4.9）代入式（4.7），得到

$$s(\boldsymbol{r}_T, \boldsymbol{r}_R, k_z, k) = \iint \sigma(x,y,k_z) e^{-jk_\rho(\rho_T+\rho_R)} dxdy \tag{4.10}$$

式中

$$k_\rho = \sqrt{k^2 - \frac{k_z^2}{4}} \tag{4.11}$$

基于式（4.10），首先利用以下两个过程求解 $\sigma(x,y,k_z)$

$$q(l;\boldsymbol{r}_T, \boldsymbol{r}_R, k_z) = \int s(\boldsymbol{r}_T, \boldsymbol{r}_R, k_z, k) e^{jk'_\rho l} kdk \tag{4.12}$$

$$\sigma(x,y,k_z) = \int_{\boldsymbol{r}_R} \int_{\boldsymbol{r}_T} q(\rho_T+\rho_R;\boldsymbol{r}_T, \boldsymbol{r}_R, k_z) e^{jk_{\rho_0}(\rho_T+\rho_R)} d\boldsymbol{r}_T d\boldsymbol{r}_R \tag{4.13}$$

式中，$k'_\rho = k_\rho - k_{\rho_0}$；$k_{\rho_0} = \sqrt{k_0^2 - k_z^2/4}$。为提高计算效率，式（4.12）可由逆 NUFFT 计算得到。

最后，利用一维逆 FFT 即可获得最终成像结果 $\sigma(x,y,z)$

$$\sigma(x,y,z) = \mathcal{F}_{k_z}^{-1}[\sigma(x,y,k_z)] \quad (4.14)$$

为便于表示，将采用 NUFFT 实现式（4.12）的成像算法简称为 ωk – NUFFT – BP 算法，具体执行流程如图 4.2 所示。

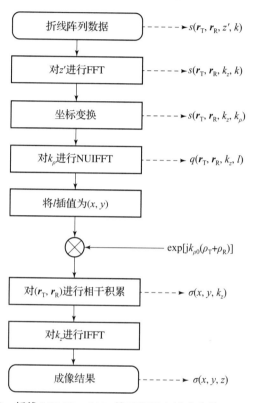

图 4.2 折线 MIMO – SAR 的时频混合域成像算法执行流程

以下给出该算法的复杂度分析[7]。对于尺度为 $N_T \times N_R \times N_z \times N_k$ 的折线 MIMO 阵列四维回波数据，上述算法的计算量分析见表 4.1。

表 4.1 折线 MIMO – SAR 的时频混合域成像算法复杂度

步骤	计算量（FLOPS）	备注
对高度向 z' 进行 FFT	$5N_T N_R N_f N_z \log_2 N_z$	N_T、N_R、N_z 和 N_f 分别为发射天线个数、接收天线个数、高度向扫描数与频点数
坐标变换	—	

续表

步骤	计算量（FLOPS）	备注
对 k_ρ 进行逆 NUFFT	$N_T N_R N_z (5K_f \log_2 K_f + 6JK_f)$	$J=2$ 为邻域插值个数，假定逆 NUFFT 中采用离散逆傅里叶变换前后点数为 $K_f = 2N_f$
对 l 进行插值	$6N_T N_R N_z M_x M_y$	M_x 和 M_y 为对方位和距离向进行线性插值后的网格点数
乘以实数因子	$6N_T N_R N_z M_x M_y^*$	
相干积累	$2(N_T N_R - 1) N_z M_x M_y$	
对 k_z 进行 IFFT	$5M_x M_y M_z \lg M_z$	M_z 为高度向的像素点数

*：乘以 $e^{jk_{\rho_0}(\rho_T + \rho_R)}$，其中 $k_{\rho_0} = \sqrt{k_0^2 - k_z^2/4}$。

4.2.2 关键性能参数分析

4.2.2.1 卷积近似的误差分析

第 3 章中给出了卷积近似计算关于 k_z 的误差曲线（见图 3.2），本节给出进一步验证。图 4.3 表示了与最大误差情况对应的收发天线配置（收发天线分别位于阵列两端）。参数选择如下：频率 $f_0 = 35$ GHz，$R_0 = 0.5$ m，收发天线对坐标原点的张角为 62°，沿 z 方向的扫描间隔为 5 mm。图 4.4 给出了卷积计算的精确结果与近似结果之间的对比，其中，横轴为 k_z，纵轴对应目标沿阵列方向的位置变化，且最大范围设置为与阵列尺寸相同。图 4.5 以精确卷积结果为基准，给出了近似结果的误差分布。由图可见，当目标位于成像区域边缘，且 k_z 的绝对值较大时，对应的误差会变大。但需要说明的是，这仅表示了对于相距最远的收发天线的卷积误差结果，当收发天线间距变小时，上述误差会整体变小。因此，累积误差对成像结果的影响会更小。

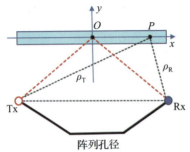

图 4.3　误差估计采用的阵列结构与目标区域示意图

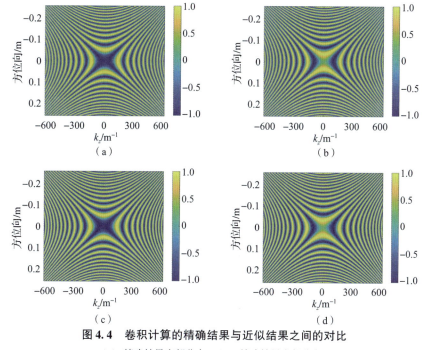

图 4.4 卷积计算的精确结果与近似结果之间的对比

(a) 精确结果实部分布；(b) 精确结果虚部分布；
(c) 近似结果实部分布；(d) 近似结果虚部分布

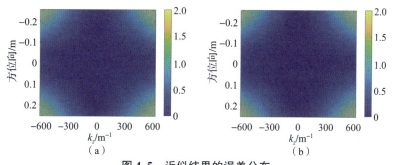

图 4.5 近似结果的误差分布

(a) 误差实部；(b) 误差虚部

进一步地，给出相应的成像结果对比，目标设置为沿阵列方向排布的一系列点目标，范围与阵列尺寸相同，精确成像结果采用 BP 算法。本章讨论的时频域混合算法与 BP 算法的三维成像结果如图 4.6 所示，对应的二维切面及一维切片结果如图 4.7 与图 4.8 所示。与 BP 算法相比，时频域混合处理算法成像结果的高度向副瓣在低于约 −25 dB 时会明显高于 BP 结果。除此之外，二者具有非常接近的聚焦效果。由此进一步说明，式（4.9）中的卷积近似对成像质量的影响可忽略。

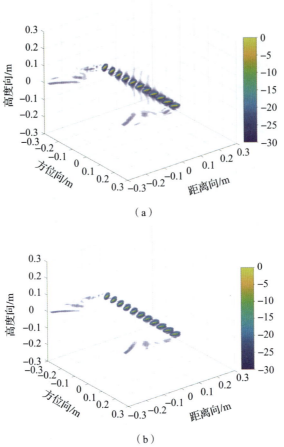

(a)

(b)

图 4.6 折线 MIMO-SAR 时频域混合算法与 BP 算法三维成像结果
(a) 时频域混合算法三维成像结果；(b) BP 算法三维成像结果

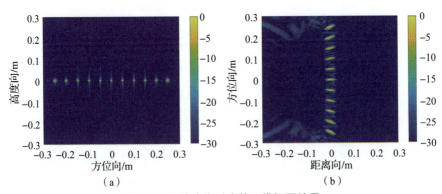

(a)   (b)

图 4.7 三维成像对应的二维切面结果
(a) 混合算法方位向-高度向切面；(b) 混合算法距离向-方位向切面

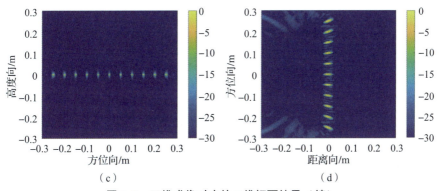

图 4.7 三维成像对应的二维切面结果（续）

（c）BP 算法方位向 – 高度向切面；（d）BP 算法距离向 – 方位向切面

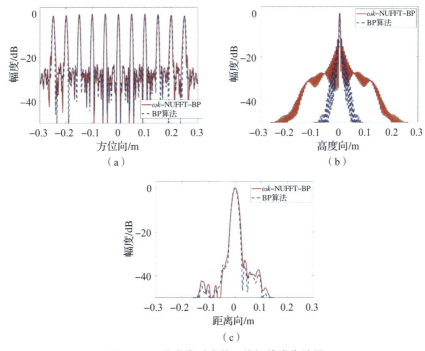

图 4.8 三维成像对应的一维切片成像结果

（a）成像结果方位向切片对比；（b）成像结果高度向切片对比；
（c）成像结果距离向切片对比

4.2.2.2 采样准则分析

利用图 4.9 对折线 MIMO 阵列的天线单元分布进行分析，其中，发射天线仅设置于折线子阵的两端，接收天线为满采样分布。同前述章节分析，为了避免频谱混叠效应，两个相邻接收天线间的相位差须小于 π 弧度[10]，即

$$k|R_1 - R_2| \approx k\Delta d \frac{(L_R+D)/2}{\sqrt{(L_R+D)^2/4+R_h^2}} \leq \pi \quad (4.15)$$

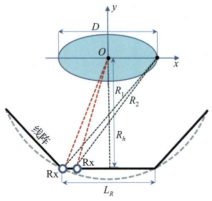

图 4.9 折线 MIMO 阵列采样准则说明示意图

由此可得接收阵元间隔需满足

$$\Delta d \leq \frac{\lambda_{\min}\sqrt{(L_R+D)^2/4+R_h^2}}{L_R+D} \quad (4.16)$$

式中，$\lambda_{\min}$ 表示工作电磁波的最小波长；D 表示目标在方位向的最大跨度；R_h 表示目标中心与折线中间段阵列的距离；L_R 表示折线子阵的长度。

显然，式 (4.16) 所要求的采样准则与经典的 MIMO 线阵一致[10]。对于欠采样的发射阵列而言，至少应在折线阵的每段接收子阵的两端放置发射天线，使 MIMO 阵列与相同孔径的单站阵列具有类似的分辨率。

与弧线 MIMO 阵列扫描类似，对于机械扫描维（高度向）而言，其对应的空间采样率需大于信号的空间频率带宽，即阵元间距 $\Delta z'$ 应满足 $2\pi/\Delta z' \geq k_{z_{\max}} - k_{z_{\min}}$，且根据式 (4.11)，有 $k_{z_{\max}} = 2k_{\max}\sin\frac{\varTheta_z}{2}$，即满足

$$\Delta z' \leq \frac{\lambda_{\min}}{4\sin\frac{\varTheta_z}{2}} \quad (4.17)$$

式中，$\varTheta_z$ 表示高度向天线波束张角 $\varTheta_{z_{\text{antenna}}}$ 或阵列高度向扫描孔径对应目标场景中心的张角（取较小者），即

$$\varTheta_z = \min\left\{\varTheta_{z_{\text{antenna}}}, 2\arcsin\left[\frac{(L_z+D_z)/2}{\sqrt{R_h^2+(L_z+D_z)^2/4}}\right]\right\} \quad (4.18)$$

式中，L_z 表示阵列在高度向扫描的范围；D_z 表示目标高度向的最大跨度。

4.2.2.3 分辨率分析

与前述章节分析类似，成像分辨率由目标相应维度的空间频谱范围决定。

由图 4.1 中阵列结构可知，收发阵列的空间频率范围相同。因此，可得折线 MIMO 阵列的 PSF 为

$$g_{\text{psf}}(x,y,z) \approx \text{sinc}^2\left(\frac{k_{x_{\max}} - k_{x_{\min}}}{2\pi}x\right)\text{sinc}\left(\frac{2B}{c}y\right)\text{sinc}\left(\frac{k_{z_{\max}} - k_{z_{\min}}}{2\pi}z\right) \quad (4.19)$$

式中，$k_{x_{\max}}$ 和 $k_{x_{\min}}$ 分别表示方位向空间频率的最大值与最小值；$k_{z_{\max}}$ 和 $k_{z_{\min}}$ 分别表示竖直向空间频率的最大值与最小值；B 表示信号带宽。

由关系 $k_x = k_\rho \sin\theta$，且 $k_\rho = \sqrt{k^2 - \frac{k_z^2}{4}}$，可得 $k_{x_{\max}} \approx k_c \sin(\Theta_a/2)$，其中，$k_c$ 表示中心频率电磁波的波数，Θ_a 表示折线阵列对应外接圆弧的张角或天线方位向波束张角（取较小者）。于是，方位向分辨率可表示为

$$\delta_x \approx \frac{0.318\,9\lambda_c}{\sin\dfrac{\Theta_a}{2}} \quad (4.20)$$

式中，$\lambda_c = \dfrac{2\pi}{k_c}$ 表示波长；$0.318\,9$ 对应 sinc^2 函数 3 dB 宽度的一半。该分辨率与弧线阵水平维分辨率一致。

由式 (4.19)，可得距离向分辨率为

$$\delta_y \approx \frac{0.443c}{B} \quad (4.21)$$

同理，高度向的分辨率为

$$\delta_z \approx \frac{0.221\,5\lambda_c}{\sin\dfrac{\Theta_z}{2}} \quad (4.22)$$

4.2.2.4 折线子阵段数计算

本节给出折线阵的总体设计分析。折线阵由多段直线子阵构成，因此，子阵的长度与数量是折线阵列设计的关键参数。

首先，根据图 4.10，天线单元波束宽度、折线段子阵长度与目标横向尺寸之间应满足以下关系

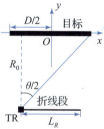

图 4.10　天线单元波束宽度、折线段子阵长度与目标横向尺寸几何关系

$$\theta \geqslant 2\arctan \frac{L_R + D}{2R_0} \quad (4.23)$$

即阵列单元天线的波束应能够完整覆盖目标区域。式中，L_R 表示子阵长度；D 表示沿子阵方向的目标最大尺寸；R_0 是子阵到目标中心的距离。

子阵长度确定之后，其对目标中心的张角可表示为

$$\phi = 2\arctan \frac{L_R}{2R_0} \quad (4.24)$$

于是，所需的子阵数量 N_p 为

$$N_p = \left\lceil \frac{\Theta}{\phi} \right\rceil \quad (4.25)$$

式中，Θ 表示整个折线段的张角，由该维度的分辨率确定；符号 $\lceil \cdot \rceil$ 表示向上取整，可保证折线阵列的分辨率。

4.2.3 数值仿真实验

本节利用 MATLAB 与 FEKO 对上述成像方法进行数值仿真验证。折线 MIMO-SAR 的仿真参数设置见表 4.2。

表 4.2 折线 MIMO-SAR 仿真参数

参数	数值
信号起始频率/GHz	30
信号终止频率/GHz	35
折线阵列外接圆半径/m	1.0
步进频率点数	51
高度向扫描间隔/cm	0.5
折线阵段数	3
高度向扫描个数	121
折线 MIMO 阵列发射天线总数	4
折线 MIMO 阵列每段阵列接收天线个数	20
折线 MIMO 阵列中发射天线间隔/cm	19.4
折线 MIMO 阵列中接收天线间隔/cm	1.02

图 4.11 给出了本节讨论的时频域混合处理算法与 BP 算法的三维成像结果，其中，经过中心目标的二维切面成像结果如图 4.12 所示。由二维及三维成像结果对比可见，时频域混合算法可以获得与 BP 接近的成像效果，证明了其有效性。

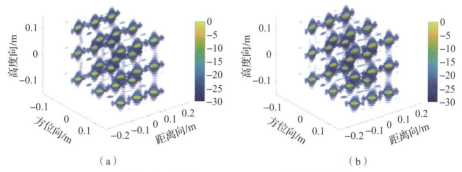

图 4.11 折线 MIMO – SAR 三维成像结果

(a) 时频域混合算法成像结果；(b) BP 算法成像结果

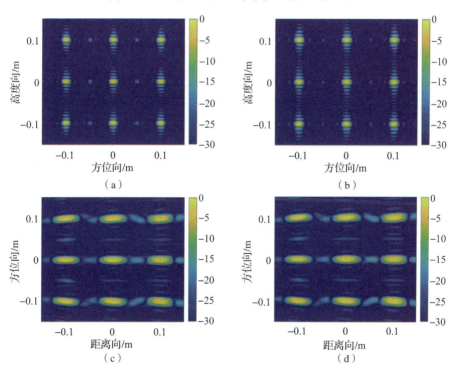

图 4.12 折线 MIMO – SAR 二维切面成像结果

(a) 时频域混合算法方位向 – 高度向切面；(b) BP 算法方位向 – 高度向切面；
(c) 时频域混合算法距离向 – 方位向切面；(d) BP 算法距离向 – 方位向切面

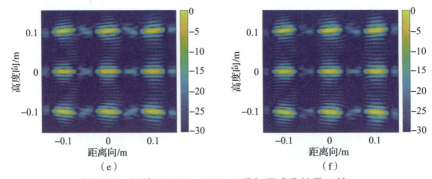

图 4.12 折线 MIMO – SAR 二维切面成像结果（续）

（e）时频域混合算法距离向 – 高度向切面；（f）BP 算法距离向 – 高度向切面

此外，给出与上一章讨论的弧线 MIMO – SAR 的成像结果对比。其波数域算法成像结果的二维切面如图 4.13 所示，图 4.14 给出了折线与弧线 MIMO – SAR 的一维成像结果对比。由一维图中可见，在方位、距离维，由于折线 MIMO – SAR 采用了相干积累方式，因而聚焦效果要优于弧线阵成像结果（边缘目标的幅度更接近实际值）。而对于弧线阵，引起误差的主要方面包括：第一，从极坐标系变换到笛卡尔坐标系的空间频率域插值，该插值需要对收发维

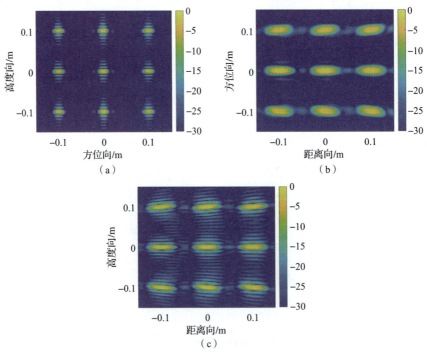

图 4.13 弧线 MIMO – SAR 三个切面的波数域算法成像结果的二维切面

（a）方位向 – 高度向切面；（b）距离向 – 方位向切面；（c）距离向 – 高度向切面

度独立操作,而欠采样维度的插值精度要低于满采样维度;第二,空间频率域数据从五维向三维的变换会引入误差。

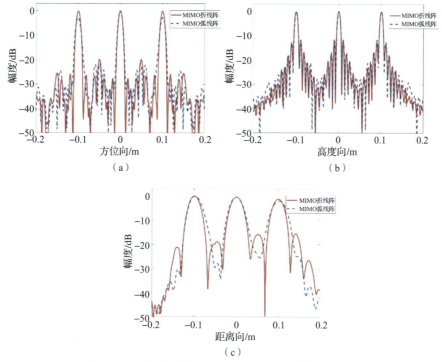

图 4.14 折线与弧线 MIMO – SAR 一维成像结果对比

(a)方位向成像结果切片对比;(b)高度向成像结果切片对比;(c)距离向成像结果切片对比

表 4.3 列出了两种体制对应结果的分辨率与最大副瓣电平。由于采用长方形(体)频谱计算理论分辨率,而实际频谱为扇形,故理论分辨率与实际分辨率间存在差异。由表中可见,折线 MIMO 的方位与距离分辨率略优于弧线阵结果。而在副瓣电平方面,弧线阵整体表现略好于折线阵。

表 4.3 折线与弧线阵列性能指标对比

阵列形式	理论分辨率			仿真分辨率			最大副瓣电平		
	方位/mm	距离/cm	高度/mm	方位/mm	距离/cm	高度/mm	方位/dB	距离/dB	高度/dB
折线 MIMO – SAR	10.2	2.6	7.1	8.9	2.5	7.1	−25.2	−17.7	−11.6
弧线 MIMO – SAR	10.2	2.6	7.1	9.7	2.8	7.1	−23.5	−25.6	−12.1

针对不同阵列体制，包括折线、直线与弧线 MIMO – SAR 体制，在给定几乎相同参数的情况下，表 4.4 给出了波数域（ωk）算法、时频域混合处理算法（针对是否使用 NUFFT，分别简称为 ωk – NUFFT – BP、ωk – BP）及 BP 算法的计算时间对比。其中，ωk 算法在不同阵列体制下表示不同的空间频率域算法[10,11]。这里，为了方便对比，将本节的时频混合算法也应用到其他两种阵列体制中。

表 4.4　不同 MIMO 体制成像算法计算时间对比　　　　　　　　s

阵列形式	ωk	ωk – NUFFT – BP	ωk – BP	BP
折线 MIMO – SAR	—	62	685	5 824
直线 MIMO – SAR	69	59	682	5 809
弧线 MIMO – SAR	78.3	63	690	5 842

由表中可见，对于上述 MIMO 阵列成像而言，ωk – NUFFT – BP 的计算时间甚至优于 ωk 算法。原因主要在于：ωk 算法需要高维空间频率域处理（包括匹配滤波与插值），大大增加了所需内存与计算时间[10,11]。但需注意的是，时频混合处理算法的计算时间强烈依赖于阵列规模及水平维成像区域大小。此外，在实际中，还可在相干积累维度采用并行处理，以进一步提高计算效率。

下面给出不同阵列形式对成像区域的波束覆盖均匀程度的对比。由于弧线与折线 MIMO 天线单元的波束指向大致相同，因此，这里仅给出折线 MIMO 与不同形式直线 MIMO 的波束覆盖比较。阵列拓扑结构示意如图 4.15 所示，其中，两种直线阵列的结构分别称为直线阵 1 与直线阵 2。根据 4.2.2.3 节的分析，阵列与目标之间的最小距离应满足

$$R_{\min} = \frac{L_{\max} + D}{2\tan\dfrac{\Theta}{2}} \quad (4.26)$$

以确保在阵列维度所有的收发天线波束 Θ 都可以覆盖整个目标区域 D（沿阵列维），其中，$L_{\max}$ 表示发射天线与接收天线的最远距离。在折线阵列中，$L_{\max}$ 为一段子阵的长度；而对于直线阵列 1 与 2 而言，$L_{\max}$ 为整个阵列长度。显然后者大于前者，因此，直线阵需满足的纵向最小成像距离要更大。

图 4.15 中所示的三种阵列均有 4 个发射天线和 60 个接收天线。阵列与中心目标的张角设为 60°，天线单元的波束宽度设为 40°，其方向图用 sinc 函数表示。由式（4.26）可知，在每段折线子阵长 $L_{\max}$ = 20 cm、目标跨度 D = 20 cm

时，折线阵列 $R_{\min} \approx 0.5$ m；而对于直线阵 1、2 而言，在阵长 $L_{\max} = 60$ cm 时，成像最小距离约为 1 m。

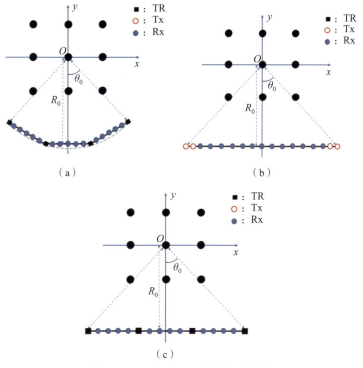

图 4.15　三种 MIMO 阵列拓扑结构

(a) 折线 MIMO 阵列；(b) 直线阵 1（发射天线位于接收天线阵列两端）；
(c) 直线阵 2（收发天线均满足等间距分布）

设置成像距离 R_0 分别为 0.5 m 与 1.0 m，对应的二维成像结果如图 4.16 所示。在两种距离下，折线 MIMO 的成像结果都保持了比较均匀的目标幅度，而直线阵列 1、2 在近距离时，由于相距较远的天线，其波束无法完全覆盖目标，因而具有明显的幅度衰减（尤其直线阵列 1）。表 4.5 给出了在不同距离下，与阵列最接近的中心目标［图 4.16 中位于（0，-0.15）处的目标］的定量指标：分辨率、峰值旁瓣电平比与幅度衰减。其中，幅度衰减以坐标原点处目标的幅度作为基准。由表中数据可见，折线阵列在幅度衰减方面表现最优，在两种距离下均小于 1 dB。在较近距离时，由于直线阵列的天线单元存在无法完全覆盖目标的组合，因而具有明显的幅度衰减。尤其对于直线阵列 1，其发射天线仅布置于阵列两端，因此幅度衰减最大。由此可见，在人体目标成像应用中，折线及弧线 MIMO 相比直线 MIMO 具有更明显的优势。

表 4.5　三种 MIMO 阵列性能指标对比

阵列形式	$R_0 = 0.5$ m					$R_0 = 1.0$ m				
	分辨率		最大副瓣电平		幅度衰落/dB	分辨率		最大副瓣电平		幅度衰落/dB
	方位/mm	距离/cm	方位/dB	距离/dB		方位/mm	距离/cm	方位/dB	距离/dB	
折线阵列	5.5	2.3	-20.7	-25.5	**-0.96**	8.6	2.6	-20.6	-14.6	**-0.01**
直线阵列 1	4.7	2.7	-11.1	-16.9	**-15.1**	7.0	2.7	-11.9	-12.9	**-1.78**
直线阵列 2	6.3	2.3	-21.2	-20.4	**-6.70**	9.0	2.7	-20.8	-13.4	**-0.91**

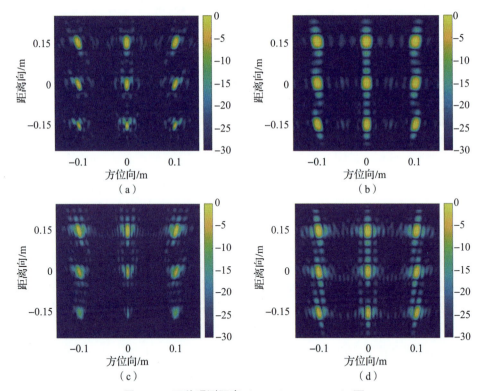

图 4.16　两种观测距离（$R_0 = 0.5$ m、1 m）下
三种阵列的方位向-距离向二维成像结果

(a) 折线阵列近距离成像结果；(b) 折线阵列远距离成像结果；
(c) 直线阵列 1 近距离成像结果；(d) 直线阵列 1 远距离成像结果

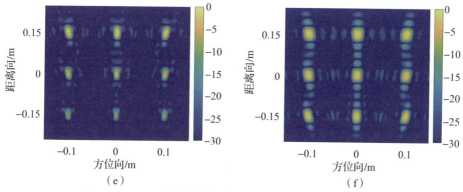

图 4.16　两种观测距离下（$R_0 = 0.5$ m、1 m）
三种阵列的方位向-距离向二维成像结果（续）

（e）直线阵列 2 近距离成像结果；（f）直线阵列 2 远距离成像结果

最后，使用 FEKO 对如图 4.17 所示的模型进行回波仿真，使用的主要参数与表 4.2 所列相同。仿真所用目标模型为金属材质的剪刀、水果刀和手枪。在成像质量方面，ωk-NUFFT-BP 与 ωk-BP 成像结果几乎相同，仅有计算时间上的差异。故这里仅对 ωk-NUFFT-BP 与 BP 算法进行对比，两种算法重构结果的方位向-高度向截面如图 4.18 所示。从成像结果可见，折线 MIMO-SAR 时频域混合处理算法的成像质量与 BP 算法的接近，再次验证了其有效性。

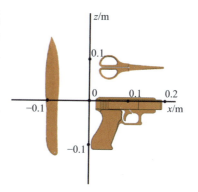

图 4.17　FEKO 仿真模型

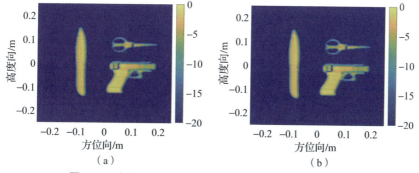

图 4.18　折线 MIMO-SAR 体制 FEKO 仿真成像结果

（a）ωk-NUFFT-BP 算法成像结果；（b）BP 算法成像结果

4.2.4 实测数据实验

本节给出折线 MIMO – SAR 成像体制与算法的实验验证。构建的成像实验平台如图 4.19 所示，由个人电脑（PC）、矢量网络分析仪（Vector Network Analyzer, VNA）、旋转平台、四轴扫描架平台，以及扫描架控制器组成。PC 通过串口与扫描架控制器连接，发送命令字控制扫描平台及转台的运动；发射、接收天线与 VNA 连接，完成信号的发射与接收。天线固定于两个可分别独立扫描的平台上（图 4.19、图 4.20），目标固定于转台之上（图 4.21）。通过转台可设定目标相对于平面扫描架的几个固定方位，在每个方位上控制收发天线运动，以形成折面孔径的平面子孔径（图 4.22）。实验平台的工作流程如图 4.23 所示，所采用的参数见表 4.6。

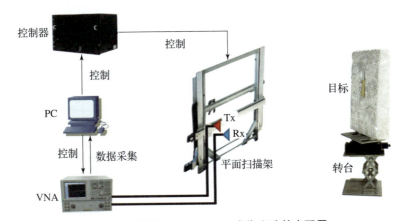

图 4.19 折线 MIMO – SAR 成像实验基本配置

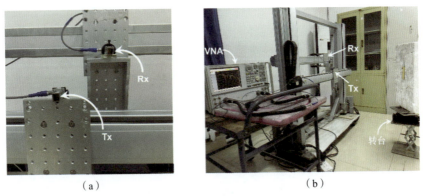

图 4.20 折线 MIMO – SAR 收发天线及测试场景
（a）收发天线；（b）成像测试场景

第 4 章　折线 MIMO – SAR 成像

图 4.21　固定于转台上的被测目标

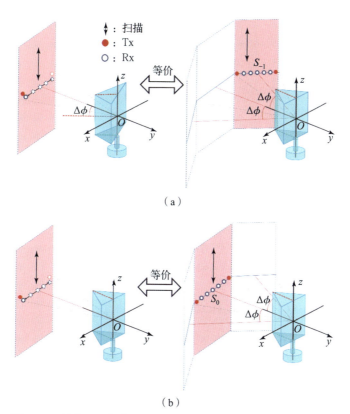

(a)

(b)

图 4.22　结合平面与转台扫描构建折线 MIMO – SAR 的示意图
(a) S_{-1} 段孔径等效；(b) S_0 段孔径等效

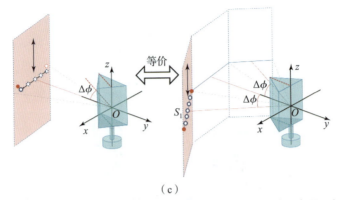

(c)

图 4.22　结合平面与转台扫描构建折线 MIMO – SAR 的示意图（续）

(c) S_1 段孔径等效

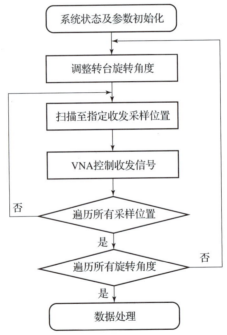

图 4.23　折线 MIMO – SAR 实验平台的工作流程

表 4.6　折线 MIMO – SAR 实验参数

参数	数值
信号起始频率/GHz	30
信号终止频率/GHz	35
步进频率点数	51

续表

参数	数值
转台每次旋转角度/(°)	24
高度向扫描点数	121
高度向扫描间隔/mm	5.0
折线阵段数	3
折线 MIMO 阵列与目标距离/m	0.7
折线 MIMO 阵列每段接收天线总数	2
折线 MIMO 阵列每段阵列发射天线个数	27
折线 MIMO 阵列发射天线总数	4
折线 MIMO 阵列中接收天线间隔/cm	27.0
折线 MIMO 阵列中发射天线间隔/mm	10.0

在进行预处理（数据整合、线缆相位校正等）后，利用时频混合算法与 BP 算法进行目标重构。成像结果的方位向 – 高度向切面如图 4.24 所示，可见，时频域混合算法可获得与 BP 类似的成像质量，但前者的计算时间要远小于后者（见表 4.4）。

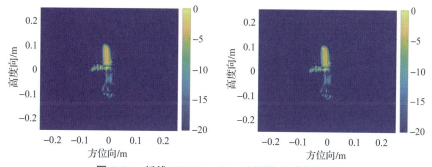

图 4.24 折线 MIMO – SAR 实测数据成像结果
(a) ωk – NUFFT – BP 成像结果；(b) BP 成像结果

4.3 折线 MIMO – SAR 等效波数域成像技术

上一节讨论的时频混合算法可处理任何不规则阵列的扫描成像问题。但在水平维成像区域较大或阵列单元数较多时，其沿阵列维的时域相干处理会变得较为耗时（采用 NUFFT 及并行处理措施可以对算法进行加速）。本节给出一种等效的波数域成像方法（等效 ωk），结合相位补偿，将折线 MIMO 数据映射为单站圆柱孔径数据，从而可利用单站波数域算法进行成像，以达到提高计算效率的目的。

4.3.1 折线 MIMO – SAR 等效波数域成像算法

为实现 MIMO 数据至均匀排布单站数据的转换，设计折线 MIMO 的各直线子阵分时独立工作，即收发组合限定在子阵内，其拓扑结构如图 4.25（a）所示。解调后的散射回波信号可以表示为

$$s(\phi, x'_T, x'_R, z', k) = \iiint \sigma(x,y,z) e^{-jk(R_T+R_R)} dxdydz \tag{4.27}$$

式中，ϕ 表示直线子阵的法线与 y 轴的夹角，如图 4.25（a）所示。本节所给的示例中，$\phi = -\Delta\phi$、0、$\Delta\phi$，分别表示三段直线子阵 S_{-1}、S_0、S_1，其中，S_{-1}、S_1 相当于以 z 轴为转轴，对 S_0 段分别进行旋转角为 $\Delta\phi$ 的顺时针与逆时针旋转；坐标 (x'_T, x'_R) 表示 S_0 段内发射阵元与接收阵元的 x 轴坐标，z' 表示阵元在竖直方向的坐标。

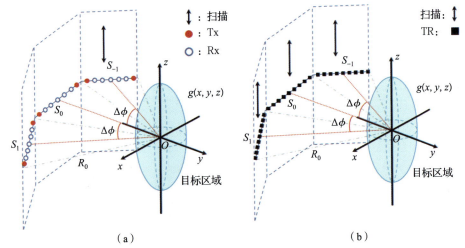

图 4.25　各子阵分时工作的折线 MIMO – SAR 示意图

（a）折线 MIMO – SAR 体制示意图；（b）等效后的折线单站 SAR 体制

发射阵元与接收阵元到目标的距离可分别表示为

$$R_T = \sqrt{(x''_T - x)^2 + (y''_T - y)^2 + (z - z')^2}$$
$$R_R = \sqrt{(x''_R - x)^2 + (y''_R - y)^2 + (z - z')^2}$$

式中，(x''_T, y''_T)、(x''_R, y''_R) 分别表示发射天线与接收天线在整个折线阵中的绝对位置，可以表示为

第 4 章 折线 MIMO-SAR 成像

$$\begin{bmatrix} x''_{T/R} \\ y''_{T/R} \end{bmatrix} = \begin{bmatrix} \cos\phi & -\sin\phi \\ \sin\phi & \cos\phi \end{bmatrix} \begin{bmatrix} x'_{T/R} \\ y'_{T/R} \end{bmatrix}$$

为了提高成像算法的计算效率，首先采用相位补偿方法[12,13]将 MIMO 数据等效为单站数据

$$s(\phi, x'_{\mathrm{mid}}, z', k) = s(\phi, x'_{\mathrm{T}}, x'_{\mathrm{R}}, z', k) \frac{s_{\mathrm{ref}}(\phi, x'_{\mathrm{mid}}, z', k)}{s_{\mathrm{ref}}(\phi, x'_{\mathrm{T}}, x'_{\mathrm{R}}, z', k)} \quad (4.28)$$

式中，$x'_{\mathrm{mid}} = (x'_{\mathrm{T}} + x'_{\mathrm{R}})/2$ 表示直线子阵 S_0 段中等效收发阵元沿 x 方向的坐标；$s_{\mathrm{ref}}(\phi, x'_{\mathrm{T}}, x'_{\mathrm{R}}, z', k)$ 与 $s_{\mathrm{ref}}(\phi, x'_{\mathrm{mid}}, z', k)$ 分别表示折线 MIMO 阵与等效单站阵列的参考目标回波信号（以成像区域中心为参考点）。等效后的折线单站阵列如图 4.25（b）所示。

对于单站折线阵列扫描体制（简称 SISO-SAR），目标的散射回波模型可表示为

$$s(\phi, x', z', k) = \iiint g(x, y, z) \mathrm{e}^{-\mathrm{j}2kR} \mathrm{d}x\mathrm{d}y\mathrm{d}z \quad (4.29)$$

式中，x' 表示子阵 S_0 段内单站收发天线的 x 轴坐标。

在笛卡尔坐标系中，折线阵天线位置可以表示为

$$\begin{bmatrix} x'' \\ y'' \end{bmatrix} = \begin{bmatrix} \cos\phi & -\sin\phi \\ \sin\phi & \cos\phi \end{bmatrix} \begin{bmatrix} x' \\ y_0 \end{bmatrix} \quad (4.30)$$

式中，y_0 表示坐标原点到子阵中心的最小距离，即

$$y_0 = -R_0 \cos\frac{\Delta\phi}{2}$$

式中，R_0 为折线阵列外接圆的半径。

式（4.29）中的距离 R 为

$$R = \sqrt{(x-x'')^2 + (y-y'')^2 + (z-z')^2} \quad (4.31)$$

由于阵元位置 (x'', y'') 沿着折线分布，故无法直接对 x'' 或 y'' 进行傅里叶变换，这意味着无法直接将数据变换至空间频率域实现快速成像。由于折线阵列可看作弧线阵列的割线构成的阵列结构，因此，若将折线阵列数据继续映射至弧线阵列，即可利用柱面单站波数域算法进行高效率成像。为了保证映射后的数据精度，再次引入如下相位补偿

$$s(\theta, z', k) = s(\phi, x', z', k) \frac{s_{\mathrm{ref}}(\theta, z', k)}{s_{\mathrm{ref}}(\phi, x', z', k)} \quad (4.32)$$

式中，θ 表示以 R_0 为半径的外接弧线阵列的等效阵元角度坐标；$s_{\mathrm{ref}}(\phi, x', z', k)$ 与 $s_{\mathrm{ref}}(\theta, z', k)$ 分别表示参考点目标（位于阵列对应弧线的圆心处）相对于折线阵列与等效弧线阵列的回波数据。

图 4.26 给出了两种由折线至弧线的单元映射方式，其中，图 4.26（a）直接将圆心与折线阵元的连线延长至弧线，交点即设置为等效弧线阵元的位置。严格来说，此时阵元并非沿弧线均匀排布，但由于阵元间距较小，可近似认为均匀。该映射的一种好处是，每段折线子阵可用相同的方式进行独立处理，当子阵连接处出现明显不连续时，并不影响映射后整体等效弧线阵的成像质量。另一种方式如图 4.26（b）所示，在整个阵列张角范围内，设定等效弧线阵阵元数量与折线单元数量相同，且按等角度间隔排布。这种方式的缺点是当子阵连接处有明显不连续时，成像质量会恶化。此处选择前者对应的等效方式。

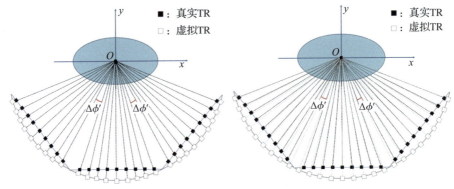

图 4.26 折线-弧线的单元映射示意图
(a) 分段等效；(b) 整体等效

在采用式 (4.32) 的相位补偿处理后，等效的柱面单站数据可表示为

$$s(\theta, z', k) = \iiint \sigma(x, y, z) e^{-j2kR} dx dy dz \tag{4.33}$$

式中，距离 R 为

$$R = \sqrt{(R_0 \sin\theta - x)^2 + (-R_0 \cos\theta - y)^2 + (z - z')^2} \tag{4.34}$$

上式中的格林函数近似项 e^{-j2kR} 可展开为以下平面波叠加的形式[8]

$$e^{-j2kR} = \iint e^{-jk_x(x-x')} e^{-jk_y(y-y')} e^{-jk_{z'}(z-z')} dk_x dk_{z'}$$

将其代入式 (4.33) 并沿 z' 做傅里叶变换，可得

$$s(\theta, k_z, k) = \int \sigma(k_x, k_y, k_z) e^{jk_x x'} e^{jk_y y'} dk_x \tag{4.35}$$

由于上式两侧数据格式不同，因此将右侧转换至极坐标格式，即

$$\begin{aligned} s(\theta, k_z, k) &= k_\rho \int \sigma(k_\rho, \varphi, k_z) \cos\varphi \, e^{jk_\rho R_0 \cos(\theta-\phi)} d\varphi \\ &= k_\rho \sigma(k_\rho, \theta, k_z) \cos\theta \circledast_\theta e^{jk_\rho R_0 \cos\theta} \end{aligned} \tag{4.36}$$

式中，$k_x = k_\rho \sin\varphi$；$k_y = -k_\rho \cos\varphi$；$k_\rho = \sqrt{4k^2 - k_z^2}$；$\circledast_\theta$ 表示关于 θ 的卷积运算。

由式（4.36）可见，对右侧解卷积之后，即可获得目标频谱 $\sigma(k_\rho, \theta, k_z)$。该过程通常利用卷积的傅里叶变换性质求解，即在傅里叶域实现反卷积。然而，考虑到折线阵列在加工时采用分段拼接，相邻子阵的连接处可能会存在不连续性。因此，这里对每段子阵的等效弧线阵数据独立处理，再结合傅里叶变换的相移特性实现整段等效弧线阵数据的频谱旋转与整合。

下面以包含三段子阵的折线阵列为例，对上述过程进行说明。整段弧线阵列数据关于 θ 的傅里叶变换可以表示为

$$S(k_\theta) = \int_{-\frac{3}{2}\Delta\phi}^{\frac{3}{2}\Delta\phi} \tilde{s}(\theta) e^{-jk_\theta\theta} d\theta \tag{4.37}$$

式中，$\tilde{s}(\theta)$ 为 $s(\theta, k_z, k)$ 的简写；$S(k_\theta)$ 为 $s(\theta, k_z, k)$ 的简写；$\Delta\phi$ 表示单段子阵对圆心的张角。$S(k_\theta)$ 可以表示为三段独立的傅里叶变换，即

$$S(k_\theta) = e^{jk_\theta\Delta\phi}\int_{-\frac{\Delta\phi}{2}}^{\frac{\Delta\phi}{2}} \tilde{s}_{-1}(\theta) e^{-jk_\theta\theta} d\theta + \int_{-\frac{\Delta\phi}{2}}^{\frac{\Delta\phi}{2}} \tilde{s}_0(\theta) e^{-jk_\theta\theta} d\theta + e^{-jk_\theta\Delta\phi}\int_{-\frac{\Delta\phi}{2}}^{\frac{\Delta\phi}{2}} \tilde{s}_1(\theta) e^{-jk_\theta\theta} d\theta \tag{4.38}$$

式中，$\tilde{s}_{-1}$、$\tilde{s}_0$ 与 $\tilde{s}_1$ 分别为三段子阵对应的数据。

由式（4.38）可见，通过对三段弧线子阵数据独立做傅里叶变换，乘以相应的相位偏移再相加即可获得 $S(k_\theta)$。在 k_θ 域，式（4.36）内的卷积变为相乘，即对于每个折线子阵的数据而言，有

$$\tilde{s}_i(k_\theta, k_z, k) = e^{-jk_\theta i\Delta\phi} k_\rho \mathcal{F}_\theta[\sigma(k_\rho, \theta, k_z)\cos\theta] \mathcal{F}_\theta(e^{jk_\rho R_0 \cos\theta}) \tag{4.39}$$

式中，i 表示折线段的索引。上式也可表示为

$$\tilde{s}_i(k_\theta, k_z, k) = e^{-jk_\theta i\Delta\phi} k_\rho \mathcal{F}_\theta[\sigma(k_\rho, \theta, k_z)\cos\theta] H_{k_\theta}^{(1)}(k_\rho R_0) e^{j\pi k_\theta/2} \tag{4.40}$$

式中，$H_{k_\theta}^{(1)}(k_\rho R_0)$ 表示第一类汉克尔函数，可以写为[9]

$$H_{k_\theta}^{(1)}(k_\rho R_0) = e^{-j\pi k_\theta/2}\int e^{jk_\rho R_0 \cos\theta} e^{-jk_\theta\theta} d\theta \tag{4.41}$$

并且当 $k_\theta \ll k_\rho R_0$ 时，上述函数可用下式近似

$$H_{k_\theta}^{(1)}(k_\rho R_0) \approx \exp(-j\pi k_\theta/2)\exp(j\sqrt{k_\rho^2 R_0^2 - k_\theta^2}) \tag{4.42}$$

于是，在 k_θ 域进行解卷积，并采用累加的方式综合所有折线段的数据后得到

$$\sigma(k_\rho, \theta, k_z) = \frac{1}{k_\rho \cos\theta} \mathcal{F}_{k_\theta}^{-1}\left[\sum_i \frac{\tilde{s}_i(k_\theta, k_z, k) e^{jk_\theta i\Delta\phi} e^{-j\pi k_\theta/2}}{H_{k_\theta}^{(1)}(k_\rho R_0)}\right] \tag{4.43}$$

利用插值可将 $\sigma(k_\rho, \theta, k_z)$ 变换至 $\sigma(k_x, k_y, k_z)$，从而可采用三维快速逆傅里叶变换获得目标图像，这一处理与单站圆柱孔径的波数域算法完全相同。

综上所述，折线 MIMO-SAR 的等效波数域算法可概括为图 4.27 所示的

流程，其计算复杂度见表4.7。其中，式（4.32）中的 $\dfrac{s_{\text{ref}}(\theta,z',k)}{s_{\text{ref}}(\phi,x',z',k)}$ 与式（4.28）中的 $\dfrac{s_{\text{ref}}(\phi,x'_{\text{mid}},z',k)}{s_{\text{ref}}(\phi,x'_{\text{T}},x'_{\text{R}},z',k)}$ 可以提前计算并存储在内存中。可见，本节算法的计算复杂度仅为 $O(N_p M_\theta N_z N_f \lg M_\theta N_z)$，明显优于 BP 算法的 $O(N_p N_R N_z P_x P_y P_z)$，其中，$N_p$、$N_R$ 和 N_z 分别表示子阵数量、子阵中接收阵元数量和高度向扫描位置数，符号 P_x、P_y 和 P_z 分别表示沿相应维度的像素点数。阵元间距与分辨率等参数分析与上一节相同，在此不再赘述。

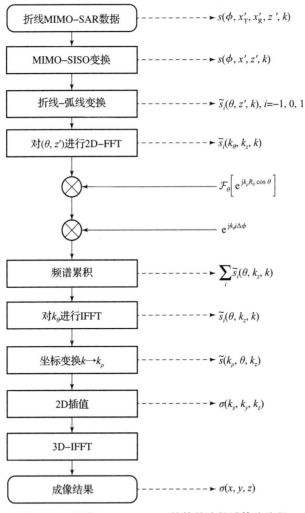

图 4.27　折线 MIMO-SAR 的等效波数域算法流程

表 4.7　折线 MIMO – SAR 的等效波数域算法计算复杂度

步骤	浮点运算次数	备注
MIMO – SISO 变换	$12N_p N_R N_z N_f$	N_p、N_R、N_z 和 N_f：折线段数、接收天线个数、高度向扫描数与频点数
折线 – 弧线变换	$6N_p N_\theta N_z N_f$	$N_\theta = 2N_R$：每段折线段上等效单站阵元个数
对 (θ, z') 进行 2D – FFT	$5N_p M_\theta N_z N_f \lg M_\theta N_z$	M_θ：对 θ 的 FFT 变换点数
参考函数相乘	$6M_\theta N_z N_f$	乘以 $e^{-j\pi k_\theta/2}/[k_\rho H_{k_\theta}^{(1)}(k_\rho R_0)]$
频谱旋转	$6N_p M_\theta N_z N_f^{+}$ 或 $6(N_p - 1)M_\theta N_z N_f^{++}$	若 N_p 为奇数，则中间段无须频谱旋转
频谱累积	$2(N_p - 1)M_\theta N_z N_f$	
对 k_θ 进行 IFFT	$5M_\theta N_z N_f \lg M_\theta$	
二维插值	$14 M_x M_y N_z$	M_x 和 M_y：对方位向和距离向进行双线性插值后的频率点数
3D – IFFT	$5P_x P_y P_z \lg P_x P_y P_z$	P_x、P_y 和 P_z：方位向、距离向和高度向的像素点数
+：若 N_p 为偶数。		
++：若 N_p 为奇数。		

4.3.2　折线 – 弧线变换误差分析

本节给出折线阵变换至等效弧线阵的误差分析，阵列与目标的几何关系如图 4.28 所示。

假定折线阵列为单站形式，考虑位于位置 A 处的天线单元（位于该段的中心），经折线 – 弧线变换后，等效阵元位置为 A'。由于 A 位于该折线段中心，相比于其他点，AA' 最大，因此，引入的误差也最大，为

$$\epsilon_R = 2(R_{PA} - R_{PA'}) \tag{4.44}$$

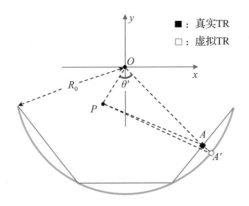

图 4.28 阵列变换示意图,目标位于点 P

式中

$$R_{PA} = \sqrt{R_{OA}^2 + R_{OP}^2 - 2R_{OA}R_{OP}\cos\theta'}$$
$$R_{PA'} = \sqrt{R_{OA'}^2 + R_{OP}^2 - 2R_{OA'}R_{OP}\cos\theta'} \tag{4.45}$$

式中,θ' 为 OP 与 OA 的夹角,范围为 $0° \sim 360°$。

假定 $\Delta d = R_{OA'} - R_{OA} = R_0 - R_{OA}$,注意 Δd 与 R_{OP} 均远小于 R_0,利用泰勒级数展开并保留前两项,可以得到

$$\epsilon_R \approx -2\Delta d + \frac{\Delta d^2}{R_0} + \frac{2R_{OP}\Delta d\cos\theta'}{R_0} \tag{4.46}$$

式 (4.46) 的第一项是关于 Δd 的一阶小量,对误差的影响最显著。为了减小上述误差,采用式 (4.32) 中的相位校正方法。在此条件下,近似误差变为

$$\epsilon_R' = 2(R_{PA} - R_{PA'} + R_{OA'} - R_{OA}) \tag{4.47}$$

保留泰勒展开的前两项,可以得到

$$\epsilon_R' \approx \frac{\Delta d^2}{R_0} + \frac{2R_{OP}\Delta d\cos\theta'}{R_0} \tag{4.48}$$

式 (4.48) 仅包含关于 R_{OP} 和 Δd 的联合二阶小量。与式 (4.46) 相比,Δd 的一次项引入的误差已被完全补偿掉。

由于式 (4.48) 表示的是最差情况下的误差,实际中折线 - 弧线变换对图像质量的影响会更小。为了综合评估所有天线单元位置的平均误差对成像的影响,定义如下平均残余误差[2]

$$\epsilon_I(\boldsymbol{r}) = 1 - \frac{1}{N_a}\int e^{jk_0\epsilon_R'(\boldsymbol{r},\boldsymbol{r}')}\mathrm{d}\boldsymbol{r}' \tag{4.49}$$

式中,N_a 为天线单元数量;k_0 为中心频率对应的波数;$\boldsymbol{r}$ 与 $\boldsymbol{r}'$ 分别表示目标和

天线的位置；ϵ'_R 表示式（4.48）中的距离误差。显然，若所有天线的 ϵ'_R 为 0，则 $\epsilon_I(\boldsymbol{r})$ 为 0。

仿真参数见表 4.8，折线阵的方位向投影长度为 0.6 m，成像区域沿距离、方位向跨度均为 1.0 m。图 4.29 给出了相位校正前后的方位向 – 距离向维度平均残余误差对比（中心频率 32.5 GHz，图右侧柱状颜色条为误差值范围）。由结果可见，采用相位校正之后，平均残余误差大幅度减小，仅在超出阵列尺寸的范围内具有相对明显的误差。

表 4.8 用于折线 – 弧线变换误差分析的仿真参数

参数	数值
信号起始频率/GHz	30
信号终止频率/GHz	35
折线阵列外接圆半径/m	1.0
步进频率点数	51
旋转角（Δϕ）/(°)	12
高度向扫描间隔/cm	0.5
折线阵列段数	3
高度向扫描位置数	121
折线单站阵列子天线个数	41
折线单站阵列收发天线间隔/cm	0.5

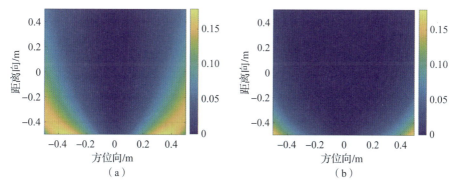

图 4.29 相位校正前后折线 – 弧线变换的平均残余误差对比
(a) 无相位校正；(b) 相位校正后

下面给出成像结果对比。图 4.30（a）所示为单站弧线阵列的波数域算法成像结果，图 4.30（b）~（d）所示为折线阵列成像结果。其中，图 4.30（b）采用了折线 – 弧线变换及相位校正，由结果可见，其成像质量与图 4.30（a）几乎相同，说明了本节所述方法的有效性。图 4.30（c）为仅采用折线–弧线变换，但无相位校正的成像结果，与前两项结果相比，其图像质量出现了明显恶化，说明了相位校正的必要性。最后，BP 算法的成像结果表示于图 4.30（d）中。由于 BP 算法精度最高，因此具有最优的成像质量（注：所有图像的动态范围均为 30 dB）。

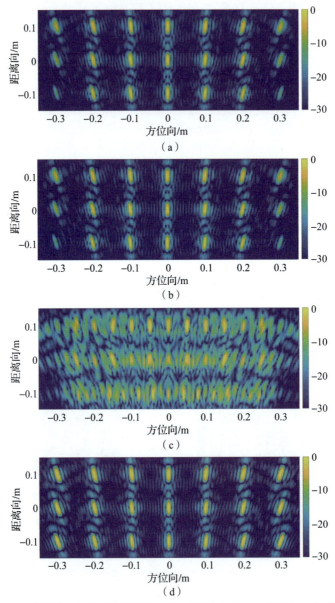

图 4.30 单站弧线与折线阵列不同处理方式下的方位向–距离向二维成像结果

（a）单站弧线阵列成像结果；（b）采用折线–弧线变换及相位校正的折线阵列成像结果；
（c）仅采用折线–弧线变换的折线阵列成像结果；（d）BP 算法的折线阵列成像结果

4.3.3 数值仿真实验

本小节通过数值仿真方法验证折线 MIMO – SAR 等效波数域成像算法的有效性，所采用的参数见表 4.9。

表 4.9 折线 MIMO – SAR 成像仿真参数

参数	数值
信号起始频率/GHz	30
信号终止频率/GHz	35
折线阵列外接圆半径/m	1.0
步进频率点数	51
旋转角（$\Delta\phi$）/(°)	12
高度向扫描间隔/cm	0.5
折线阵段数	3
高度向扫描位置数	121
折线 MIMO 阵列子阵发射天线个数	2
折线 MIMO 阵列子阵接收天线个数	21
子阵发射天线间隔/cm	21
子阵接收天线间隔/cm	1.0

等效波数域算法与 BP 算法的三维成像结果如图 4.31 所示。图 4.32 所示为过中心目标的二维切面成像结果，图 4.33 所示为过中心目标的方位向、高度向、距离向的一维成像结果。由一维、二维成像结果对比可见，等效波数域算法可获得与 BP 算法接近的成像效果。

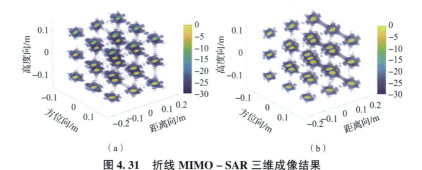

图 4.31 折线 MIMO – SAR 三维成像结果

（a）等效波数域算法；（b）BP 算法

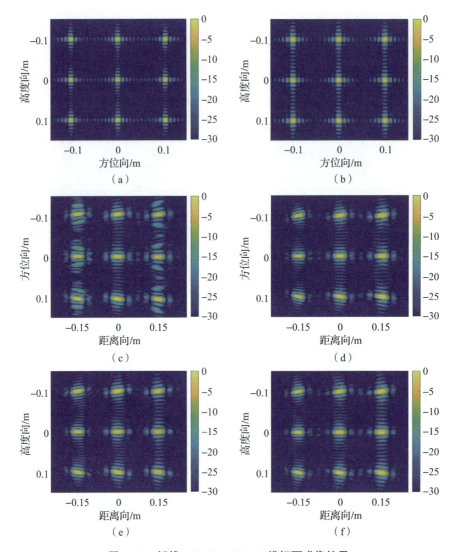

图 4.32 折线 MIMO-SAR 二维切面成像结果

(a) 等效波数域算法方位向-高度向切面；(b) BP 算法方位向-高度向切面；
(c) 等效波数域算法距离向-方位向切面；(d) BP 算法距离向-方位向切面；
(e) 等效波数域算法距离向-高度向切面；(f) BP 算法距离向-高度向切面

表 4.10 给出了不同成像方法的计算时间对比，可见等效波数域算法的计算效率远高于后两种算法。另外需要提到的是，本节中的收发天线组合仅限定在每段子阵内部，因此，ωk-NUFFT-BP 算法与 BP 算法相比于上节中的计算时间均明显减少。

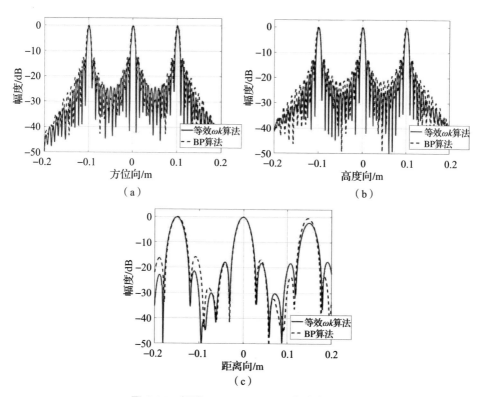

图 4.33 折线 MIMO-SAR 一维成像结果
(a) 方位向成像结果切片对比；(b) 高度向成像结果切片对比；(c) 距离向成像结果切片对比

表 4.10 折线 MIMO-SAR 不同算法计算时间对比 s

算法名称	等效波数域算法	ωk – NUFFT – BP	BP
计算时间	7.3	27	2 965

以下给出图 4.26 所示的两种折线-弧线变换方法的成像精度对比。为方便讨论，将图 4.26（a）中对应的变换方式称为"分段变换"，图 4.26（b）中对应的方式称为"整体变换"。后者可以直接对整个等效弧线阵数据进行傅里叶变换，并省略频谱拼接操作。但如果子阵之间存在单元不连续时，整体变换的方式会引入明显的误差。图 4.26 中角度 $\Delta\phi'$ 表示两个相邻子阵的最近阵元的夹角，在本例中设置为 2°。由于上述两种折线-弧线变换方法主要影响水平方向的聚焦效果，故此处仅给出了方位向-高度向与方位向-距离向的二维成像结果，如图 4.34 所示。显然，"整体变换"方法会导致成像目标的散焦与位置偏移，而"分段变换"方法可以获得与 BP 算法类似的成像结果。

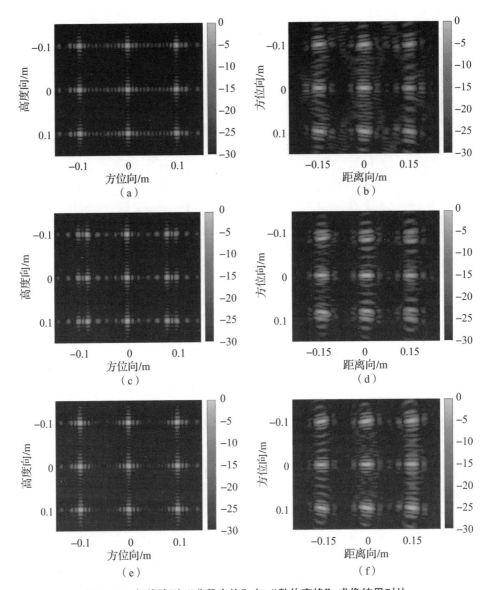

图 4.34 折线阵列"分段变换"与"整体变换"成像结果对比

(a) 分段变换方法方位向 – 高度向成像结果；(b) 分段变换方法距离向 – 方位向成像结果；
(c) 整体变换方法方位向 – 高度向成像结果；(d) 整体变换方法距离向 – 方位向成像结果；
(e) BP 算法方位向 – 高度向成像结果；(f) BP 算法距离向 – 方位向成像结果

为了定量分析上述两种变换的性能，以 BP 算法的结果作为基准，图 4.35 给出了均方根误差（Root Mean Squared Error，RMSE）和峰值信噪比（Peak Signal – to – noise Ratio，PSNR）随 $\Delta\phi'$ 变化的曲线。RMSE 的定义如下[14]

$$\text{RMSE} = \sqrt{\frac{1}{N}\sum_{n=1}^{N}\left[\bm{G}(n) - \bm{G}_{\text{ref}}(n)\right]^2} \qquad (4.50)$$

式中，$\bm{G}$ 与 $\bm{G}_{\text{ref}}$ 分别表示待评估图像和标准参考图像，两图像均具有 N 个像素点。这里 $\bm{G}_{\text{ref}}$ 为 BP 算法的成像结果。

而 PSNR 定义为

$$\text{PSNR} = 20\lg\left[\frac{\max(\bm{G})}{\text{RMSE}}\right] \qquad (4.51)$$

由结果可见，总体来说，分段变换方法具有更低的 RMSE 及更高的 PSNR。

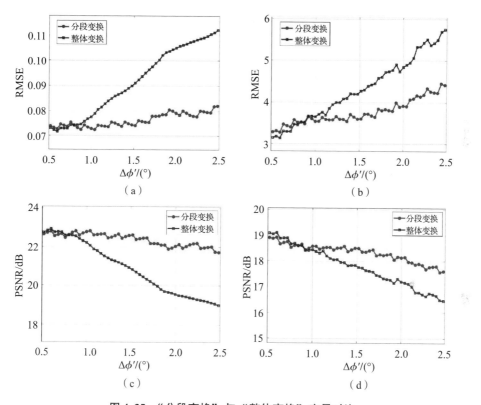

图 4.35　"分段变换"与"整体变换"定量对比

(a) 方位向 – 高度向切面 RMSE；(b) 方位向 – 距离向切面 RMSE；
(c) 方位向 – 高度向切面 PSNR；(d) 方位向 – 距离向切面 PSNR

本小节最后给出利用 FEKO 进行回波仿真的成像结果对比，仿真参数与表 4.9 中相同，目标模型与上一节相同。等效波数域算法与 BP 算法的成像结果如图 4.36 所示（此处仅给出了方位向 – 高度向结果），可见，二者获得的图像质量类似。

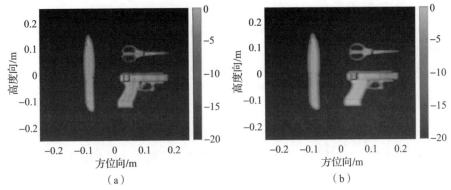

图 4.36 折线 MIMO-SAR FEKO 仿真数据成像结果

(a) 等效波数域算法成像结果；(b) BP 算法成像结果

4.3.4 实测数据实验

最后，给出等效波数域成像算法的实测数据验证，实验方案与 4.2.4 节中的成像平台搭建相同。在进行预处理（数据整合、相位校正等）后，利用等效波数域算法与 BP 算法进行图像重构，结果如图 4.37 所示。两种算法均可较好地重构目标的形状与位置。

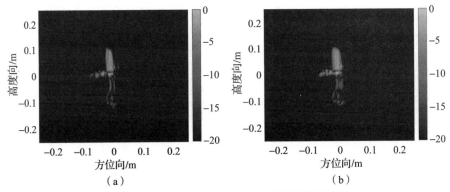

图 4.37 折线 MIMO-SAR 实测数据成像结果

(a) 等效波数域算法成像结果；(b) BP 算法成像结果

对于实测结果，可利用熵对图像质量进行定量评估。假定成像结果为 G，将 G 的像素幅度按照递增顺序排序并将其划分到 M 个区间中：X_1，X_2，…，X_M，其中，X_m 表示第 m 个幅度区间。于是，图像 G 的熵可定义为[15]

$$E(G) = -\sum_{m=1}^{M} p_m(X_m) \log_2 p_m(X_m) \qquad (4.52)$$

式中，p_m 表示在图像的归一化直方图中，对应给定幅度区间 X_m 的概率。可见，$E(G)$ 是关于像素值的函数，可用于描述图像的聚焦程度。

不同方法的图像熵对比见表 4.11，可见 BP 算法的图像聚焦效果最优，但其他两种算法也可达到与其接近的效果，且具有更高的计算效率。在本例中，等效波数域算法的计算时间约为 7.5 s，时频混合算法的时间约为 28.2 s，而 BP 算法的计算时间大于 3 000 s。因此，前两者在快速成像应用中具有优势。

表 4.11　图像熵对比

算法名称	等效波数域	ωk – NUFFT – BP	BP
图像熵	0.289 1	0.249 9	0.215 1

4.4　本章小结

为降低阵列加工难度，并保证较大的观测角度，本章在弧线阵列基础上，研究了折线 MIMO – SAR 近场成像体制。模块化的折线段子阵易加工、部署、维护与更换，且具有和弧线阵相同的观测范围。在成像算法方面，本章讨论了两种实现方式：时频域混合处理算法与等效波数域算法。前者可保证大范围区域的成像质量，并且可以处理任何不规则阵列的扫描成像体制；缺点是水平维的时域处理较为耗时。后者可实现更为快速的成像，然而由于采用了等效相位中心近似，会导致远离参考点区域的成像质量出现轻微恶化。

参 考 文 献

[1] Wang S, Li S, An Q, et al. Near – field millimeter – wave imaging via arrays in the shape of polyline [J]. IEEE Transactions on Instrumentation and Measurement, 2022 (71): 1 – 17.

[2] Wang S, Li S, Zhao G, et al. Efficient Wavenumber Domain Processing for Near – Field Imaging With Polyline Arrays [J]. IEEE Transactions on Microwave Theory and Techniques, 2022, 70 (10): 4544 – 4555.

[3] Fessler J A, Sutton B P. Nonuniform fast Fourier transforms using min – max interpolation [J]. IEEE Transactions on Signal Processing, 2003, 51 (2): 560 – 574.

[4] Liu Q H, Nguyen N. An accurate algorithm for nonuniform fast Fourier transforms (NUFFT's) [J]. IEEE Microwave and Guided Wave Letters, 1998, 8 (1): 18 – 20.

[5] Li S, Zhu B, Sun H. NUFFT – Based Near – Field Imaging Technique for Far – Field Radar Cross Section Calculation [J]. IEEE Antennas and Wireless Propagation Letters, 2010, 9: 550 – 553.

[6] Li S, Sun H, Zhu B, et al. Two – Dimensional NUFFT – Based Algorithm for Fast Near – Field Imaging [J]. IEEE Antennas and Wireless Propagation Letters, 2010, 9: 814 – 817.

[7] Cumming I G, Wong F H. Digital processing of synthetic aperture radar data [M]. Artech House, Boston, 2005.

[8] Soumekh M. Synthetic aperture radar signal processing with MATLAB algorithm [M]. John Wiley & Sons, Inc. , 1999.

[9] Soumekh M. Reconnaissance with slant plane circular SAR imaging [J]. IEEE Transactions on Image Processing, 1996, 5 (8): 1252 – 1265.

[10] Zhuge X, Yarovoy A G. Three – dimensional near – field MIMO array imaging using range migration techniques [J]. IEEE Transactions on Image Processing, 2012, 21 (6): 3026 – 3033.

[11] Li S, Wang S, Zhao G, et al. Millimeter – wave imaging via circular – arc MIMO arrays [J]. IEEE Transactions on Microwave Theory and Techniques, 2023, 71 (7): 3156 – 3172.

[12] Moulder W F, Krieger J D, Majewski J J, et al. Development of a high – throughput microwave imaging system for concealed weapons detection [C]. In 2016 IEEE International Symposium on Phased Array Systems and Technology (PAST). IEEE, 2016: 1 – 6.

[13] Li S, Wang S, An Q, et al. Cylindrical MIMO array – based near – field microwave imaging [J]. IEEE Transactions on Antennas and Propagation, 2020, 69 (1): 612 – 617.

[14] Gonzalez R C, Woods R E, Eddins S L. Digital Image Processing Using MATLAB [M]. Pearson Education, New York, NY: USA, 2018.

[15] Shannon C E. A mathematical theory of communication [J]. The Bell System Technical Journal, 1948, 27 (3): 379 – 423.

第 5 章
平面 MIMO 阵列成像

5.1 引言

前面三章主要讨论了 MIMO-SAR 近场成像体制。由于需要机械扫描结构，MIMO-SAR 无法实现快速数据采集，也即无法实现快速乃至实时成像。本章开始讨论平面 MIMO 阵列全电扫描近场成像技术。与机械扫描体制相比，平面 MIMO 阵列具有"快拍"数据采集与快速成像的优点，是实现近场实时成像的关键技术之一。

本章主要讨论平面 MIMO 阵列的波数域成像技术。主要内容包括：5.2 节介绍了经典的平面 MIMO 阵列距离徙动算法[1]（Range Migration Algorithm，RMA）①。对于 MIMO-RMA 而言，参考函数相乘与 Stolt 插值均在高维空间频率域内完成，增加了对数据存储空间的要求，算法的计算复杂度较高。针对这一问题，5.3 节探讨了一种改进的平面 MIMO 阵列距离徙动算法，简称为高效率距离徙动算法（Efficient Range Migration Algorithm，ERMA）。该方法首先结合相位校正将欠采样数据补全为满采样数据，并在空间频域完成降维之后，在三维频域中实现匹配滤波和插值。与经典 MIMO-RMA 相比，可提高计算效率。最后是本章内容总结。

5.2 平面 MIMO 阵列成像技术

距离徙动算法或称波数域算法，源自地震信号处理，由爆炸反射模型推导得出[2]。本节讨论了平面 MIMO 阵列系统的回波信号模型及距离徙动成像算法[1]，并对关键参数进行了分析。

---

① 距离徙动算法与波数域算法无本质区别，对于平面阵，本章采用与文献 [1] 相同的名称。

5.2.1 平面 MIMO 阵列距离徙动算法

图 5.1 给出了一种收发阵元均匀分布的平面 MIMO 阵列拓扑结构，其中，发射阵列沿水平方向呈满采样分布，而沿垂直方向呈欠采样分布；接收阵列与之相反（二者也可互换）。解调后的基带回波信号可以表示为

$$s(x_T, x_R, z_T, z_R, k) = \iiint \sigma(x,y,z) e^{-jkR_T} e^{-jkR_R} dxdydz \tag{5.1}$$

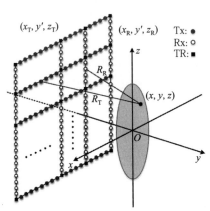

图 5.1 平面 MIMO 阵列的拓扑结构

式中，R_T 与 R_R 分别表示位置在 (x,y,z) 处的目标到发射天线与接收天线的距离，如下所示

$$\begin{aligned} R_T &= \sqrt{(x_T-x)^2 + (y+R_0)^2 + (z_T-z)^2} \\ R_R &= \sqrt{(x_R-x)^2 + (y+R_0)^2 + (z_R-z)^2} \end{aligned} \tag{5.2}$$

发射天线和接收天线在笛卡尔坐标系下的位置分别用 (x_T, R_0, z_T) 和 (x_R, R_0, z_R) 表示；R_0 表示坐标原点到平面阵列的距离。

对指数项 e^{-jkR_T} 进行关于 (x_T, z_T) 的傅里叶变换，并利用驻定相位原理[3,4]，可得

$$\mathcal{F}_{(x_T, z_T)}\left[e^{-jkR_T}\right] = e^{-j(k_{x_T}x + k_{y_T}y + k_{z_T}z)} e^{-jk_{y_T}R_0} \tag{5.3}$$

同理，有

$$\mathcal{F}_{(x_R, z_R)}\left[e^{-jkR_R}\right] = e^{-j(k_{x_R}x + k_{y_R}y + k_{z_R}z)} e^{-jk_{y_R}R_0} \tag{5.4}$$

式中

$$\begin{aligned} k_{y_T} &= \sqrt{k^2 - k_{z_T}^2 - k_{x_T}^2} \\ k_{y_R} &= \sqrt{k^2 - k_{z_R}^2 - k_{x_R}^2} \end{aligned} \tag{5.5}$$

于是，对式（5.1）进行关于 (x_T, x_R, z_T, z_R) 的傅里叶变换，并结合式

(5.3) 与式 (5.4)，可以得到

$$s(k_{x_T}, k_{x_R}, k_{z_T}, k_{z_R}, k) = \iiint \sigma(x,y,z) e^{-jk_x x} e^{-jk_y y} e^{-jk_z z} e^{-jk_y R_0} dxdydz \quad (5.6)$$

式中，色散关系满足

$$\begin{aligned} k_x &= k_{x_T} + k_{x_R} \\ k_z &= k_{z_T} + k_{z_R} \\ k_y &= \sqrt{k^2 - k_{z_T}^2 - k_{x_T}^2} + \sqrt{k^2 - k_{z_R}^2 - k_{x_R}^2} \end{aligned} \quad (5.7)$$

因此，目标图像可表示为

$$\sigma(x,y,z) = \iiint s(k_{x_T}, k_{x_R}, k_{z_T}, k_{z_R}, k) e^{jk_y R_0} e^{jk_x x} e^{jk_y y} e^{jk_z z} dk_x dk_y dk_z \quad (5.8)$$

不妨令

$$s'(k_{x_T}, k_{x_R}, k_{z_T}, k_{z_R}, k) = s(k_{x_T}, k_{x_R}, k_{z_T}, k_{z_R}, k) e^{jk_y R_0} \quad (5.9)$$

该式右侧即为匹配滤波过程。

由式 (5.7) 可见，空间频率变量 k_y 具有非均匀间隔，因此，需要将数据插值至均匀网格（即 Stolt 插值），之后才可实现维度融合（或称降维）。具体可分为两步：首先循环遍历 (k_{z_T}, k_{z_R}, k_y)，对 (k_{x_T}, k_{x_R}) 进行降维；其次循环遍历 (k_x, k_y)，对 (k_{z_T}, k_{z_R}) 进行降维。这样便获得了数据 $s'(k_x, k_y, k_z)$，利用 3D-IFFT 即可实现成像

$$\sigma(x,y,z) = \mathcal{F}_{3D}^{-1}[s'(k_x, k_y, k_z)] \quad (5.10)$$

综上，平面 MIMO 阵列距离徙动算法的流程如图 5.2 所示，计算复杂度见表 5.1。

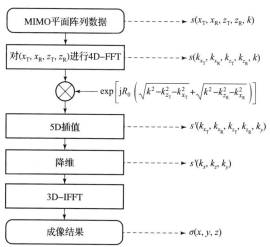

图 5.2 平面 MIMO 阵列距离徙动算法的流程

表 5.1 平面 MIMO – RMA 的计算复杂度

步骤	计算量（FLOPS）	备注
对 (x_T, x_R, z_T, z_R) 进行 4D – FFT	$10 N_{x_T}^2 N_{z_R}^2 N_f \lg N_{x_T} N_{z_R}$	N_{x_T}、N_{z_R}：方位向发射天线与高度向接收天线个数（均为满采样）N_f：频点数
参考函数相乘	$6 N_{x_T}^2 N_{z_R}^2 N_f^+$	—
五维插值	$6 N_{x_T}^2 N_{z_R}^2 M_y^*$	M_y：距离向像素点数
降维	$2(N_{x_T}-1) N_{z_R}^2 M_y +$ $2(N_{z_R}-1)(2N_{x_T}-1) M_y$	见备注 **
对 (k_x, k_y, k_z) 进行 3D – IFFT	$5 P_x P_y P_z \lg P_x P_y P_z$	P_x、P_y 和 P_z：方位向、距离向和高度向的像素点数

+：相乘因子为 $e^{jR_0 \left(\sqrt{k^2 - k_{z_T}^2 - k_{x_T}^2} + \sqrt{k^2 - k_{z_R}^2 - k_{x_R}^2}\right)}$。

*：遍历 $(k_{x_T}, k_{x_R}, k_{z_T}, k_{z_R})$，利用一维插值实现 k 网格到 k_y 网格的变换。

**：降维分为两步：首先循环遍历 (k_{z_T}, k_{z_R}, k_y) 根据公式 $k_x = k_{x_T} + k_{x_R}$ 对 (k_{x_T}, k_{x_R}) 进行求和降维；其次循环遍历 (k_x, k_y)，对 (k_{z_T}, k_{z_R}) 进行降维。

5.2.2 关键性能参数分析

平面 MIMO 阵列的采样准则和分辨率分析与前述章节的成像体制类似，这里仅给出分辨率结果。

首先对于方位向，假设 MIMO 阵列收发孔径相同，则发射波数或接收波数的最大值为

$$k_{x_T, \max} = k_{x_R, \max} = k_c \sin \frac{\Theta_x}{2} \tag{5.11}$$

式中，k_c 为中心频率对应的波数；Θ_x 表示天线波束宽度和阵列张角之间的较小者。

类似地，可以得到高度向空间频率的范围。从而，三维点扩展函数可表示为[5]

$$\sigma_{\mathrm{RMA}}(x, y, z) = \mathrm{sinc}^2 \left(\frac{2 \sin \frac{\Theta_x}{2}}{\lambda_c} x \right) \mathrm{sinc}^2 \left(\frac{2 \sin \frac{\Theta_z}{2}}{\lambda_c} z \right) \mathrm{sinc} \left(\frac{k_{y, \max} - k_{y, \min}}{2\pi} y \right) \tag{5.12}$$

式中，λ_c 是中心频率对应的电磁波波长；$k_{y,\min}$ 和 $k_{y,\max}$ 分别表示距离向的最小波数和最大波数。

成像分辨率可以通过计算上述 sinc^2 及 sinc 函数在对应方向上的 3 dB 宽度获得

$$\delta_{x_{\text{RMA}}} = \frac{0.318\ 9\lambda_c}{\sin\dfrac{\Theta_x}{2}}$$

$$\delta_{z_{\text{RMA}}} = \frac{0.318\ 9\lambda_c}{\sin\dfrac{\Theta_z}{2}} \tag{5.13}$$

$$\delta_{y_{\text{RMA}}} = \frac{0.442\ 2c}{B}$$

式中，B 为电磁波工作带宽。

5.3 平面 MIMO 阵列快速成像技术

平面 MIMO - RMA 需要在五维空间频域进行匹配滤波和插值，之后降至三维空间频域并采用逆傅里叶变换得到成像结果。然而，高维空间中的信号处理非常耗时。针对这一问题，本节研究一种改进的高效率 RMA（简称 ERMA）。首先，结合互易定理与相位校正方法将欠采样数据补全为满采样数据，这是保证成像质量的关键之一。之后利用傅里叶变换将信号转换到五维空间频域，并直接提取对角线元素进行降维，从而可在三维频域完成匹配滤波和插值，相比于平面 MIMO - RMA，可提高图像重构速度。此外，由于 ERMA 中的降维未涉及收发频谱之间的卷积，故分辨率比 MIMO - RMA 略高。

5.3.1 高效率平面 MIMO 阵列快速成像算法

ERMA 在收发维度傅里叶变换后立即进行降维处理，从而可在低维空间频域实现参考函数相乘和插值。然而，直接采用上述操作会导致图像重构精度的严重恶化，特别是对于欠采样程度较高的阵列而言，降维引入的误差会在参考函数相乘及插值过程中累积。为了弥补这一劣势，需要首先对欠采样维度进行数据填充，将其补全为满采样数据。

基于两组信号源的相互作用原理（互易定理）[6]，可获得收发天线互换之后的等效数据，从而使测量数据翻倍。之后，可对 MIMO 阵列数据分块，并通过插值方法获得收发均为满采样阵列的等效数据。然而，单纯的数据填充会引入较大的误差。文献 [7] 在讨论将近场 MIMO 数据映射为单站数据时，引入了一种基于参考点的相位补偿方法。受此启发，本节采用了一种类似的相位补偿方法，用于提高数据填充的精度。

5.3.1.1 互易定理

互易定理描述了在互易介质中，两组源$(\bm{J}_1,\bm{M}_1)$与$(\bm{J}_2,\bm{M}_2)$的相互作用关系为[6]

$$\langle\bm{E}_2,\bm{J}_1\rangle-\langle\bm{H}_2,\bm{M}_1\rangle=\langle\bm{E}_1,\bm{J}_2\rangle-\langle\bm{H}_1,\bm{M}_2\rangle \tag{5.14}$$

式中，电磁场$\bm{E}_1$、$\bm{H}_1$由源$(\bm{J}_1,\bm{M}_1)$激发；$\bm{E}_2$、$\bm{H}_2$由源$(\bm{J}_2,\bm{M}_2)$激发。

互易定理表明，由$(\bm{J}_2,\bm{M}_2)$测得的$(\bm{J}_1,\bm{M}_1)$激发的场，与由$(\bm{J}_1,\bm{M}_1)$测得的$(\bm{J}_2,\bm{M}_2)$激发的场相同。显然，自由空间毫米波成像满足互易定理的应用场景。对于MIMO阵列而言，第i个发射天线与第j个接收天线的回波数据，和第j个发射天线与第i个接收天线的回波数据相同。

首先考虑兼具（发射）满采样和（接收）欠采样阵列的一维MIMO阵列，如图5.3（a）所示。其发射维度和接收维度对应的原始数据分别为满采样和

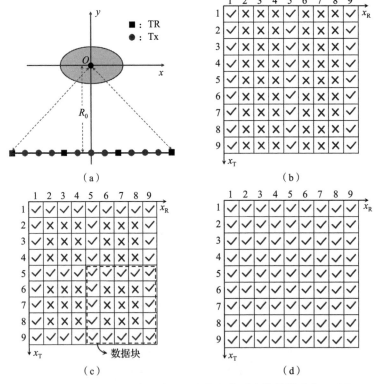

图5.3 一维MIMO阵列的几何结构及其对应的数据分布示意图

(a) 一维MIMO阵列结构；(b) 原始阵列采样分布；(c) 应用互易定理后对称收发数据填充情况；(d) 数据填充后的满采样情况

欠采样形式，如图 5.3（b）所示，其中，"√"表示采样数据，"×"表示未采样。为了实现数据填充，采用互易定理填补与已有收发天线组合位置对应的互易回波数据，处理后的数据分布情况如图 5.3（c）所示。

5.3.1.2 基于相位补偿的数据填充方法

以图 5.3（c）中的一个数据块为例来说明相位补偿过程。如图 5.4 所示，选择一对互易位置的收发天线对应的数据，计算它们之间的等效数据（沿次对角线方向，如图中斜向虚线框所示），对应的相位补偿表达式为

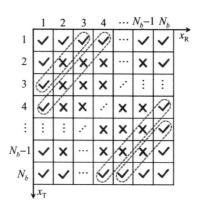

图 5.4　单个数据块中数据填充示意图

$$s(\boldsymbol{r}_c,k) = s(\boldsymbol{r}_1,k)\frac{s_{\text{ref}}(\boldsymbol{r}_c,k)}{s_{\text{ref}}(\boldsymbol{r}_1,k)}\frac{\|\boldsymbol{r}_c-\boldsymbol{r}_2\|_1}{\|\boldsymbol{r}_1-\boldsymbol{r}_2\|_1} + s(\boldsymbol{r}_2,k)\frac{s_{\text{ref}}(\boldsymbol{r}_c,k)}{s_{\text{ref}}(\boldsymbol{r}_2,k)}\frac{\|\boldsymbol{r}_c-\boldsymbol{r}_1\|_1}{\|\boldsymbol{r}_1-\boldsymbol{r}_2\|_1}$$

(5.15)

式中，$\boldsymbol{r}_1=(x_{\text{T}i},x_{\text{R}j})$，$x_{\text{T}i}$ 与 $x_{\text{R}j}$ 分别表示一维 MIMO 阵列的第 i 个发射天线与第 j 个接收天线；$\boldsymbol{r}_2$ 表示另一收发天线组合的位置；$\boldsymbol{r}_c$ 是 $\boldsymbol{r}_1$ 与 $\boldsymbol{r}_2$ 之间需要数据填充的收发天线组合位置；$k=2\pi f/c$，其中，f 为工作电磁波的频率，c 为光速；$s_{\text{ref}}(\boldsymbol{r}_1,k)$、$s_{\text{ref}}(\boldsymbol{r}_2,k)$ 和 $s_{\text{ref}}(\boldsymbol{r}_c,k)$ 分别表示成像区域中仅包含参考点位置处的点目标时，相应收发天线组合对应的回波信号；$\|\cdot\|_1$ 表示 l_1 范数。

具体而言，分两步实现对一个数据块的数据填充。首先，考虑图 5.4 对角线上方数据。根据式（5.15），利用收发组合 $\boldsymbol{r}_1=(x_{\text{T}i},x_{\text{R}_1})$ 和 $\boldsymbol{r}_2=(x_{\text{T}_1},x_{\text{R}_i})$ 的回波计算位置 $\boldsymbol{r}_c=(x_{\text{T}_j},x_{\text{R}_{i-j}})$ 处的数据，其中，$3 \leqslant i \leqslant N_b$，$2 \leqslant j \leqslant i-1$，$N_b$ 表示数据块的行数（或列数）。然后，对块对角线下方的数据进行类似处理。此时 $\boldsymbol{r}_1=(x_{\text{T}_{N_b}},x_{\text{R}_i})$、$\boldsymbol{r}_2=(x_{\text{T}_i},x_{\text{R}_{N_b}})$、$\boldsymbol{r}_c=(x_{\text{T}_j},x_{\text{R}_{N_b+i-j}})$，其中，$1 \leqslant i \leqslant N_b-2$，$i+1 \leqslant j \leqslant N_b-1$。利用相位补偿对所有块数据进行迭代，可以实现欠采样 MIMO 阵列的数据填充，获得满采样 MIMO 阵列的等效回波数据，如图 5.3（d）所示。整个数据填充流程可概括为如图 5.5 所示。

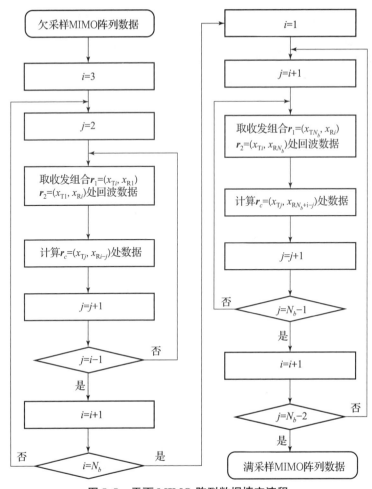

图 5.5　平面 MIMO 阵列数据填充流程

5.3.1.3　降维与基于傅里叶变换的成像

考虑如图 5.1 所示的 MIMO 阵列结构，其回波模型与式（5.1）相同。首先，按照上一节内容进行欠采样数据填充，结合相位补偿将欠采样数据 $s(x_\mathrm{T}, x_\mathrm{R}, z_\mathrm{T}, z_\mathrm{R}, k)$ 补全为满采样数据 $s(x'_\mathrm{T}, x'_\mathrm{R}, z'_\mathrm{T}, z'_\mathrm{R}, k)$。之后，利用傅里叶变换将其转换至空间频率域，即

$$s(k_{x_\mathrm{T}}, k_{x_\mathrm{R}}, k_{z_\mathrm{T}}, k_{z_\mathrm{R}}, k) = \iiint \sigma(x,y,z) \mathrm{e}^{-\mathrm{j}k_x x} \mathrm{e}^{-\mathrm{j}k_z z} \mathrm{e}^{-\mathrm{j}k_y(y+R_0)} \mathrm{d}x \mathrm{d}y \mathrm{d}z \quad (5.16)$$

式中

$$k_x = k_{x_\mathrm{T}} + k_{x_\mathrm{R}}$$
$$k_z = k_{z_\mathrm{T}} + k_{z_\mathrm{R}}$$
$$k_y = \sqrt{k^2 - k_{x_\mathrm{T}}^2 - k_{z_\mathrm{T}}^2} + \sqrt{k^2 - k_{x_\mathrm{R}}^2 - k_{z_\mathrm{R}}^2} \quad (5.17)$$

将等效满采样数据转换至空间频域之后,可直接进行降维处理,之后在三维频域实现匹配滤波与 Stolt 插值,从而可提高计算效率。

此处,通过约束 $k_{x_\text{T}} = k_{x_\text{R}}$ 和 $k_{z_\text{T}} = k_{z_\text{R}}$ 实现降维,即构造三维频谱 $s(k_x, k_z, k)$,仅需提取 $s(k_{x_\text{T}}, k_{x_\text{R}}, k_{z_\text{T}}, k_{z_\text{R}}, k)$ 沿 $(k_{x_\text{T}}, k_{x_\text{R}})$ 和 $(k_{z_\text{T}}, k_{z_\text{R}})$ 的对角线元素。因此,式(5.17)可重写为

$$k_x = 2k_{x_\text{T}}$$
$$k_z = 2k_{z_\text{T}} \tag{5.18}$$
$$k_y = 2\sqrt{k^2 - k_{x_\text{T}}^2 - k_{z_\text{T}}^2} = \sqrt{4k^2 - k_x^2 - k_z^2}$$

式(5.18)中的色散关系与平面单站阵列的 RMA 算法一致,因此,可采用平面单站 RMA[8]进行成像

$$\sigma(x,y,z) = \mathcal{F}_{\text{3D}}^{-1}\left[s(k_x,k_z,k)\text{e}^{\text{j}\sqrt{4k^2 - k_x^2 - k_z^2}R_0}\right] \tag{5.19}$$

上式隐含了沿 k_y 维的 Stolt 插值。

上述 ERMA 的成像步骤可概括如下:

(1) 通过互易定理与基于相位补偿的数据填充方法,将欠采样数据 $s(x_\text{T}, x_\text{R}, z_\text{T}, z_\text{R}, k)$ 转换为满采样数据 $s(x'_\text{T}, x'_\text{R}, z'_\text{T}, z'_\text{R}, k)$。

(2) 对满采样数据沿 $(x'_\text{T}, x'_\text{R})$ 进行 2D–FFT,得 $s(k_{x_\text{T}}, k_{x_\text{R}}, z'_\text{T}, z'_\text{R}, k)$。

(3) 提取 $(k_{x_\text{T}}, k_{x_\text{R}})$ 维度的对角线元素实现降维,获得 $s(k_x, z'_\text{T}, z'_\text{R}, k)$。

(4) 对中间数据 $s(k_x, z'_\text{T}, z'_\text{R}, k)$ 沿 $(z'_\text{T}, z'_\text{R})$ 进行 2D–FFT,获得 $s(k_x, k_{z_\text{T}}, k_{z_\text{R}}, k)$。

(5) 提取 $(k_{z_\text{T}}, k_{z_\text{R}})$ 维度的对角线元素实现降维,获得 $s(k_x, k_z, k)$。

(6) 对三维频谱 $s(k_x, k_z, k)$ 进行参考函数相乘(匹配滤波)、Stolt 插值和 3D–IFFT,获得目标图像 $\sigma(x, y, z)$。

ERMA 的执行流程如图 5.6 所示。

ERMA 与 RMA 的不同点主要包含以下 3 个方面:

(1) ERMA 利用互易定理和数据填充将欠采样数据转换为满采样数据,而 RMA 利用在相邻欠采样数据位置之间补零的方式实现上采样。

(2) ERMA 在傅里叶变换后,通过提取收发频谱的对角线元素进行降维;而 RMA 在插值之后,对收发频谱的反对角线元素求和降维。

(3) ERMA 采用三维参考函数相乘与插值,RMA 采用五维参考函数相乘与五维插值。

ERMA 的计算复杂度见表 5.2。其中某些项可以在运行前提前计算并存

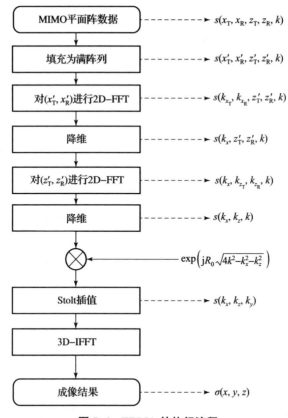

图 5.6 ERMA 的执行流程

储，如 $s(\boldsymbol{r}_1,k)\dfrac{s_{\text{ref}}(\boldsymbol{r}_c,k)}{s_{\text{ref}}(\boldsymbol{r}_1,k)}\dfrac{\|\boldsymbol{r}_c-\boldsymbol{r}_2\|_1}{\|\boldsymbol{r}_1-\boldsymbol{r}_2\|_1}$ 和 $s(\boldsymbol{r}_2,k)\dfrac{s_{\text{ref}}(\boldsymbol{r}_c,k)}{s_{\text{ref}}(\boldsymbol{r}_2,k)}\dfrac{\|\boldsymbol{r}_c-\boldsymbol{r}_1\|_1}{\|\boldsymbol{r}_1-\boldsymbol{r}_1\|_1}$。显然，ERMA 中三维处理的计算量与平面单站 RMA 相同[8]。虽然与平面 MIMO – RMA 相比，ERMA 需要额外的数据填充步骤，但由于数据填充的计算量低于平面 MIMO – RMA 的五维插值，因此，ERMA 的计算速度更快。并且 ERMA 数据填充时插值的索引只涉及数据块的边缘，而后者插值的索引需要全部五维数据，较为耗时。

表 5.2 ERMA 的计算复杂度

步骤	浮点运算次数	备注
数据填充	$14(N_{x_{\text{T}}}-N_{x_{\text{R}}})2N_{z_{\text{R}}}N_{z_{\text{T}}}N_f+$ $14(N_{z_{\text{R}}}-N_{z_{\text{T}}})2N_{x_{\text{T}}}^2 N_f$	$N_{x_{\text{R}}}$、$N_{x_{\text{T}}}$：方位向收发天线个数；$N_{z_{\text{R}}}$、$N_{z_{\text{T}}}$：高度向收发天线个数；N_f：频点数

续表

步骤	浮点运算次数	备注
对 (x'_T, x'_R) 进行 2D–FFT	$10N_{x_T}^2 N_{z_R}^2 N_f \lg N_{x_T}$	—
对 (k_{x_T}, k_{x_R}) 降维	—	—
对 (z'_T, z'_R) 进行 2D–FFT	$10N_{x_T} N_{z_R}^2 N_f \lg N_{z_T}$	—
对 (k_{z_T}, k_{z_R}) 降维	—	—
参考函数相乘	$6N_{x_T} N_{z_R} N_f^+$	—
Stolt 插值	$14 M_x M_y M_z$	M_x、M_y 和 M_z：k_x、k_y、k_z 三个维度分别对应的点数
对 (k_x, k_y, k_z) 进行 3D–IFFT	$5 P_x P_y P_z \lg P_x P_y P_z$	P_x、P_y 和 P_z：方位向、距离向和高度向的像素点数

+：参考函数为 $e^{j\sqrt{4k^2 - k_x^2 - k_z^2} R_0}$。

5.3.2 关键性能参数分析

5.3.2.1 ERMA 一维 MIMO 阵列频谱分析

本节分析数据填充对频谱和成像结果的影响。以图 5.3（a）所示的一维 MIMO 线阵为例，其仿真参数见表 5.3。

表 5.3 一维 MIMO 线阵的仿真参数

参数	数值
工作频率/GHz	30
阵列长度/m	1.0
成像距离/m	1.0
发射天线个数	201
接收天线个数	11
发射天线间隔/mm	5.0
接收天线间隔/cm	10.0

首先,利用 RMA 对欠采样接收阵列的单程近场波束方向图进行仿真。直接通过补零 FFT 得到的数据频谱如图 5.7(a)所示(进行了频谱截断,详见第 2.4 节)。若采用 5.3.1.2 节中的数据填充方法作为预处理,则频谱如图 5.7(b)所示。可见,通过数据填充可消除原始频谱中的混叠现象。ERMA、RMA 和 BP 的单程近场波束聚焦结果如图 5.8 所示。由于频谱混叠,未经数据填充的 RMA 和 BP 的结果均出现了明显的栅瓣,而经数据补全后,ERMA 可完全消除栅瓣。

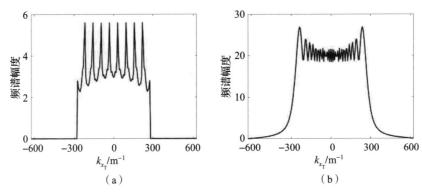

图 5.7 单程阵列数据截断的原始频谱与数据填充后的频谱
(a)截断的原始频谱;(b)接收阵列数据填充后的频谱

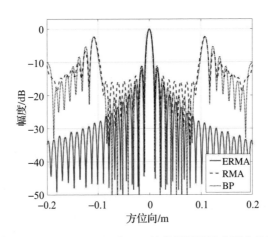

图 5.8 ERMA、RMA 和 BP 的单程近场波束聚焦结果

此外,给出是否经数据填充的 MIMO 成像结果对比。MIMO 阵列的原始与数据填充后的二维空间频谱如图 5.9 所示,其特点与图 5.7 呈现的单程数据频谱类似。图 5.10 给出了数据填充前后 ERMA 和 RMA 的近场成像结果对比(注:对于 RMA,此处也给出了经数据填充后的结果)。由图可见,对于

RMA，经过数据填充之后，可进一步降低副瓣电平；而对于 ERMA，数据填充是必需的，未进行数据补全时，成像结果中会出现较高的栅瓣及副瓣。此外，由于 ERMA 通过提取频谱的对角元素实现降维，而 RMA 通过收发频谱之间的卷积实现降维，故前者的分辨率会略高。

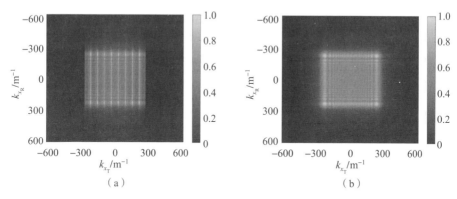

图 5.9 MIMO 阵列截断的原始频谱与数据填充后的二维空间频谱（书后附彩插）

（a）截断的原始频谱；（b）数据填充后的频谱

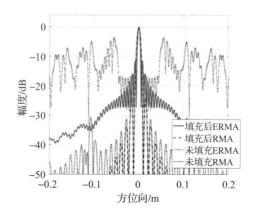

图 5.10 MIMO – RMA 与 ERMA 的近场成像结果对比（书后附彩插）

5.3.2.2 分辨率分析

对阵元间距的要求此处不再赘述，本节仅给出分辨率分析。由于 ERMA 通过提取发射和接收频谱的对角线元素实现降维，故降维后的空间波数的最大值为

$$k_{x,\max} = 2k_{x_T,\max} = 2k_c \sin\frac{\Theta_x}{2} \quad (5.20)$$

$$k_{z,\max} = 2k_{z_T,\max} = 2k_c \sin\frac{\Theta_z}{2} \quad (5.21)$$

式中，Θ_x、Θ_z 表示对应维度上，天线张角与阵列张角之间的较小者。

与 RMA 不同，ERMA 的降维无须收发频谱之间的卷积。因此，ERMA 对应的三维点扩展函数可以表示为

$$\sigma_{\text{ERMA}}(x,y,z) = \text{sinc}\left(\frac{4\sin\frac{\Theta_x}{2}}{\lambda_c}x\right)\text{sinc}\left(\frac{4\sin\frac{\Theta_z}{2}}{\lambda_c}z\right)\text{sinc}\left(\frac{k_{y,\max}-k_{y,\min}}{2\pi}y\right) \quad (5.22)$$

从而，可得三个维度的分辨率

$$\begin{aligned}\delta_{x\text{ERMA}} &= \frac{0.2211\lambda_c}{\sin\frac{\Theta_x}{2}} \\ \delta_{z\text{ERMA}} &= \frac{0.2211\lambda_c}{\sin\frac{\Theta_z}{2}} \\ \delta_{y\text{ERMA}} &= \frac{0.4422c}{B}\end{aligned} \quad (5.23)$$

可见，与传统 MIMO-RMA 算法的分辨率相比，ERMA 的降维可以获得更优的方位和高度向分辨率，而前者由于收发频谱之间的卷积关系，可以获得更低的图像旁瓣。

5.3.3 数值仿真实验

本节给出 ERMA、RMA 和 BP 算法的数值仿真对比，所用仿真参数见表 5.4。

表 5.4 平面 MIMO 阵列成像仿真参数

参数	数值
信号起始频率/GHz	25
信号终止频率/GHz	35
成像距离/m	0.5
步进频率点数	51
高度向发射天线间隔/cm	13.0
高度向接收天线间隔/cm	1.0
高度向发射天线个数	5
高度向接收天线个数	53
方位向接收天线间隔/cm	13.0

续表

参数	数值
方位向发射天线间隔/cm	1.0
方位向接收天线个数	5
方位向发射天线个数	53

上述算法对多点目标的三维成像结果如图 5.11 所示。图 5.12 给出了对应的二维切面图。由于仿真所用 MIMO 阵列的方位向和高度向收发阵元与目标之间为对称分布，所以距离向 – 方位向切面与距离向 – 高度向切面相同，此处仅给出前者结果。为了展示图像主瓣和旁瓣的更多细节，图 5.13 给出了一维图像结果对比。由图可见，ERMA 比 RMA 具有更高的旁瓣电平，但其分辨率要略高。

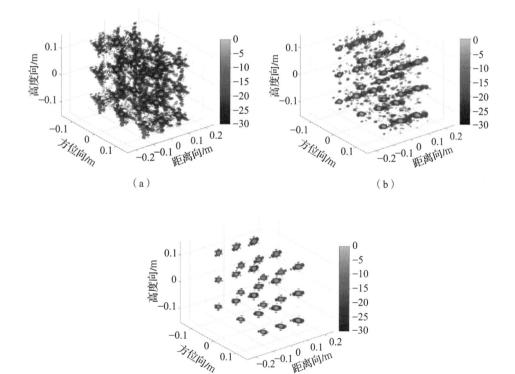

图 5.11 不同算法的三维成像结果（书后附彩插）
(a) ERMA 三维成像结果；(b) RMA 三维成像结果；(c) BP 三维成像结果

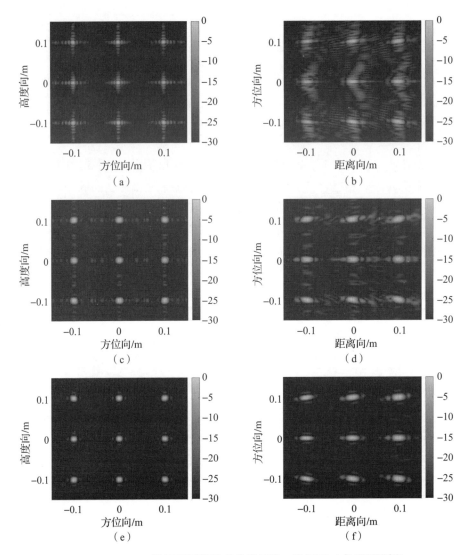

图 5.12 MIMO 阵列不同算法成像结果的二维切面（书后附彩插）
(a) ERMA 成像方位向 – 高度向切面；(b) ERMA 成像距离向 – 方位向切面；
(c) RMA 成像方位向 – 高度向切面；(d) RMA 成像距离向 – 方位向切面；
(e) BP 成像方位向 – 高度向切面；(f) BP 成像距离向 – 方位向切面

下面定量分析三种算法的分辨率、副瓣电平与计算时间。表 5.5 列出了中心位置目标的分辨率和峰值旁瓣电平对比。由对比可见，ERMA 和 RMA 的仿真分辨率与理论值基本吻合，ERMA 在方位向和高度向上的分辨率略优于 RMA 及 BP 算法。在计算时间方面，ERMA 具有明显的优势。

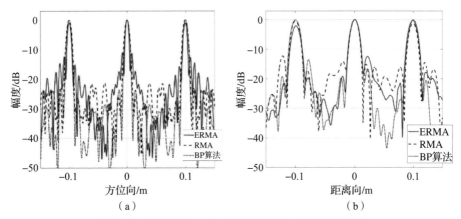

图5.13 不同算法一维成像结果对比（书后附彩插）

(a) 方位向成像结果对比；(b) 距离向成像结果对比

表5.5 平面MIMO阵列成像方法性能对比

成像算法	理论分辨率		仿真分辨率		最大旁瓣电平		计算时间/s
	方位向/高度向/mm	距离向/cm	方位向/高度向/mm	距离向/cm	方位向/高度向/dB	距离向/dB	
ERMA	4.8	1.3	5.2	1.3	−11.1	−12.4	33
RMA	6.8	1.3	7.1	1.3	−21.1	−14.1	110
BP算法	6.8	1.3	6.2	1.3	−23.6	−16.5	2 897

下面利用FEKO进行回波数据仿真，以进一步验证ERMA的成像效果。仿真参数与表5.4相同，被测目标是一个"A"字形的金属板，如图5.14所示。三种算法得到的三维成像及相应的方位向−高度向成像结果如图5.15所示。

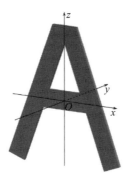

图5.14 FEKO中的"A"字形仿真目标

从图中仍可看出，ERMA 具有更优的聚焦效果。但是，ERMA 与 RMA 的成像结果均呈现了一定程度的幅度起伏特征，该起伏可能与欠采样引起的插值误差较大有关，需要后续开展深入研究。

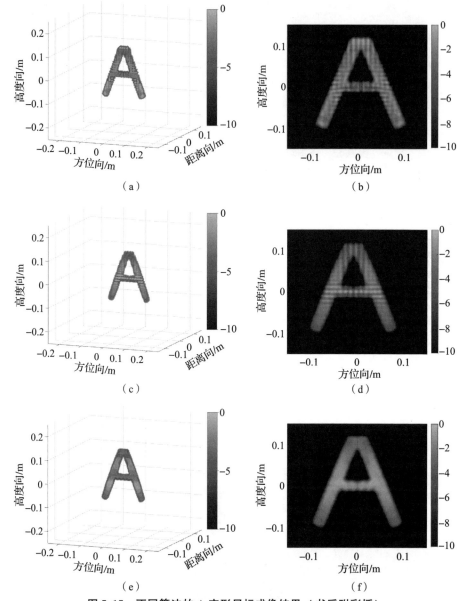

图 5.15　不同算法的 A 字形目标成像结果（书后附彩插）

(a) ERMA 三维成像结果；(b) ERMA 成像方位向 – 高度向切面；
(c) RMA 三维成像结果；(d) RMA 成像方位向 – 高度向切面；
(e) BP 算法三维成像结果；(f) BP 算法成像方位向 – 高度向切面

最后，以 BP 算法结果作为基准，表 5.6 列出了以下量化指标对比，包括均方根误差（Root Mean Squared Error，RMSE）、图像熵及结构相似度指标（Structural Similarity，SSIM）[9]。其中，RMSE 及熵的定义请见第 4.3 节。SSIM 可以描述目标图像和参考图像的结构特征相似程度，其定义如下

$$\text{SSIM}(\boldsymbol{G}, \boldsymbol{G}_{\text{ref}}) = \frac{(2\mu_G \mu_{G_{\text{ref}}} + c_1)(2\sigma_{GG_{\text{ref}}} + c_2)}{(\mu_G^2 + \mu_{G_{\text{ref}}}^2 + c_1)(\sigma_G^2 + \sigma_{G_{\text{ref}}}^2 + c_2)} \tag{5.24}$$

式中，$\boldsymbol{G}$ 与 $\boldsymbol{G}_{\text{ref}}$ 分别表示待评估图像和标准参考图像，这里 $\boldsymbol{G}_{\text{ref}}$ 取为 BP 算法的成像结果；μ_G 与 $\mu_{G_{\text{ref}}}$ 分别表示待评估图像和标准参考图像的均值；σ_G^2 与 $\sigma_{G_{\text{ref}}}^2$ 为两图像的方差；$\sigma_{GG_{\text{ref}}}$ 为两图像的协方差。SSIM 分别用均值、标准差和协方差作为亮度、对比度和结构相似程度的度量，协同考虑三个因素，是图像处理中常用的指标。

由表 5.6 可见，ERMA 结果的 RMSE 与图像熵较低，SSIM 较高，说明了 ERMA 的成像效果更接近于 BP 算法结果，在聚焦方面更有优势。

表 5.6　ERMA 与 RMA 的定量比较

方法	RMSE	图像熵	SSIM
ERMA	16.7	2.1	0.923
RMA	19.7	3.1	0.920

5.3.4　实测数据实验

本小节通过实测数据进一步验证 ERMA 的有效性。受限于制造成本与测试时间，我们仅搭建了 MIMO–SAR 体制验证平台（即水平维等效为一维 MIMO 阵列，高度维为单站体制）。直线 MIMO–SAR 系统工作原理如图 5.16（a）所示，直线 MIMO–SAR 实验平台如图 5.17 所示，测试目标为固定在苯乙烯泡沫平台上的金属刀，如图 5.16（b）所示。发射天线与接收天线分别固定于两个可独立扫描的平台之上，如图 5.17（b）所示。由于天线平台的尺寸限制，无法获取相距较近的收发天线数据（这些位置处的数据以 0 代替）。利用电脑控制发射与接收天线独立步进，从而可构建等效的 MIMO–SAR 成像平台，实验所用参数见表 5.7。

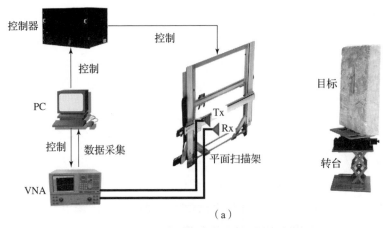

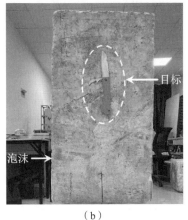

图 5.16 直线 MIMO – SAR 实验基本配置与测试目标

(a) 直线 MIMO – SAR 实验基本配置;(b) 测试目标

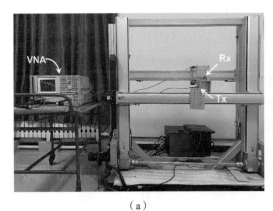 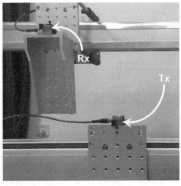

图 5.17 直线 MIMO – SAR 实验测试场景与收发天线配置

(a) 直线 MIMO – SAR 实验测试场景;(b) 收发天线配置

表5.7 直线 MIMO－SAR 实验参数

参数	数值
信号起始频率/GHz	30
信号终止频率/GHz	35
步进频率点数	51
成像距离/m	0.7
高度向扫描点数	121
高度向扫描间隔/mm	5.0
接收天线个数	2
发射天线个数	27
接收天线间隔/cm	27.0
发射天线间隔/cm	10.0

ERMA、RMA 及 BP 算法的三维及二维成像结果如图 5.18 所示。由于相距较近的收发天线数据缺失，三种方法的图像均出现了较为明显的旁瓣。定量指标对比列于表 5.8，由结果可见，ERMA 的 RMSE、SSIM 略优于 RMA，图像熵则略差。在计算时间方面，ERMA 比 RMA 约低一个量级①，而 BP 算法的计算时间更长，约为 545.7 s。

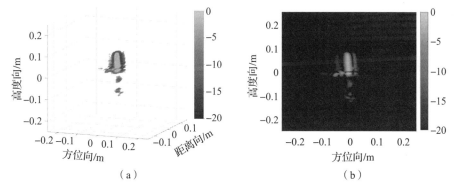

图 5.18 直线 MIMO－SAR 体制不同算法的三维及二维成像结果（书后附彩插）
(a) ERMA 三维成像结果；(b) ERMA 二维成像结果

---

① 由于本实验中采用的是等效一维 MIMO 阵列，因此，数据填充与相位补偿所占时间不明显，从而与前面 MIMO 平面阵成像相比，ERMA 与 RMA 的计算时间差异更大。

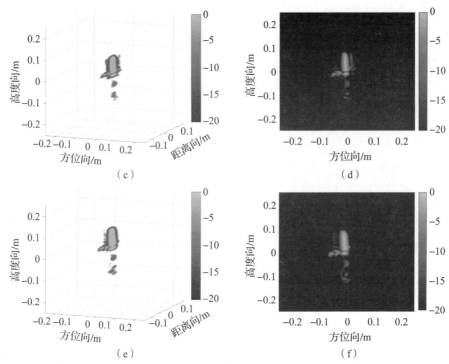

图 5.18 直线 MIMO-SAR 体制不同算法的三维及二维成像结果（书后附彩插）（续）

(c) RMA 三维成像结果；(d) RMA 二维成像结果；
(e) BP 算法三维成像结果；(f) BP 算法二维成像结果

表 5.8 实测数据 ERMA 与 RMA 的定量指标对比

方法	RMSE	图像熵	SSIM	计算时间/s
ERMA	11.3	0.33	0.943	6.2
RMA	12.9	0.30	0.936	68.1

5.4 本章小结

全电扫 MIMO 阵列可以提高数据采集速度，进而为实时成像提供技术支撑。本章首先分析了平面 MIMO 阵列的距离徙动成像算法（RMA）。其次，针对 MIMO-RMA 中高维匹配滤波、插值与降维处理耗时较长的问题，讨论了一种改进 RMA（简称 ERMA）。ERMA 利用互易定理和基于相位补偿的数据填充方法将欠采样阵列数据补全为满采样数据，并在匹配滤波与 Stolt 插值之前实现降维，从而可以提高计算效率。此外，该方法还可推广应用于其他形式的等单元间距 MIMO 阵列成像中（如 MIMO - SAR 成像体制）。当然，该方法也存在缺点，其数据补全过程亦较为耗时，还有进一步改进的空间。

参 考 文 献

［1］ Zhuge X，Yarovoy A G. Three - dimensional near - field MIMO array imaging using range migration techniques［J］. IEEE Transactions on Image Processing，2012，21（6）：3026 - 3033.

［2］ Loewenthal D，Lu L，Roberson R，et al. The wave equation applied to migration［J］. Geophysical Prospecting，1976，24（2）：380 - 399.

［3］ Soumekh M. Synthetic aperture radar signal processing with MATLAB algorithm［M］. John Wiley & Sons，Inc.，1999.

［4］ Cumming I G，Wong F H. Digital processing of synthetic aperture radar data［M］. Artech House，Boston，2005.

［5］ Vu V T，Sjogren T K，Pettersson M I，et al. An impulse response function for evaluation of UWB SAR imaging［J］. IEEE Transactions on Signal Processing，2010，58（7）：3927 - 3932.

［6］ Chew W C. Waves and fields in inhomogenous media［M］. John Wiley & Sons，Inc.，1999.

［7］ Moulder W F，Krieger J D，Majewski J J，et al. Development of a high - throughput microwave imaging system for concealed weapons detection［C］. 2016 IEEE International Symposium on Phased Array Systems and Technology（PAST）. IEEE，2016：1 - 6.

［8］ Sheen D，McMakin D，Hall T. Near - field three - dimensional radar imaging techniques and applications［J］. Applied Optics，2010，49（19）：E83 - E93.

［9］ Wang Z，Bovik A C，Sheikh H R，et al. Image quality assessment：from error visibility to structural similarity［J］. IEEE Transactions on Image Processing，2004，13（4）：600 - 612.

第 6 章
柱面 MIMO 阵列成像

6.1　引言

为了提高散射数据获取速度，第 5 章研究了基于平面 MIMO 阵列的全电扫近场成像技术。与第 3、4 章的讨论类似，对于近场人体安检成像而言，柱面孔径阵列可以更有效地检测人体侧面携带的隐匿危险物品，因而更具有实用价值[1]。本章讨论一种收发阵元沿柱面均匀排布的全电扫 MIMO 成像技术，并给出了两种成像方法。第一种是波数域算法，直接处理 MIMO 数据，其关键是如何解除水平维对应的收发阵列空间频率耦合[2]；第二种是等效成像方法，首先将多站数据转换为单站数据，进而利用单站算法实现成像[3]。前者的成像精度要高于后者，而后者具有更高的计算效率。

本章剩余各节内容安排如下：6.2 节讨论了柱面 MIMO 阵列成像体制及相应的波数域成像算法，并给出了采样准则与分辨率分析。6.3 节讨论了一种柱面多子阵 MIMO 快速成像体制，并给出了一种基于子阵中心相位补偿的多站－单站数据变换方法，从而可采用单站柱面孔径算法实现成像；此外，还分析了阵列设计的约束条件。最后是本章内容总结。

6.2　柱面 MIMO 阵列波数域成像技术

本节主要讨论柱面 MIMO 阵列的波数域成像算法及参数分析。

6.2.1　柱面 MIMO 波数域成像算法

柱面 MIMO 阵列成像几何结构如图 6.1 所示。发射天线与接收天线在圆柱面孔径的弧线方向与高度方向均呈等间距分布。在本例中，发射阵列沿水平弧线方向呈满采样分布，沿竖直方向为欠采样分布；接收阵列则采用相反的阵元

布局。该柱面 MIMO 阵列收发解调后的基带回波信号可以表示为

$$s(k,\theta_T,\theta_R,z_T,z_R) = \iiint \sigma(x,y,z) e^{-jk(R_T+R_R)} dxdydz \tag{6.1}$$

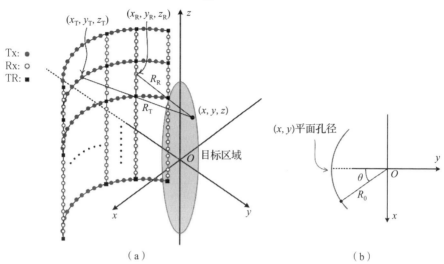

图 6.1 柱面 MIMO 阵列成像几何结构图
(a) 柱面 MIMO 阵列示意图；(b) 阵列孔径在 (x,y) 平面上的投影

式中，$k = 2\pi f/c$，表示波数，f 表示工作频率，c 为光速；$\sigma(x,y,z)$ 表示笛卡尔坐标系下的目标散射系数分布；R_T 与 R_R 分别表示从发射天线与接收天线到目标的距离

$$R_T = \sqrt{\rho_T^2 + (z-z_T)^2}$$
$$R_R = \sqrt{\rho_R^2 + (z-z_R)^2} \tag{6.2}$$

式中

$$\rho_T = \sqrt{(x-x_T)^2 + (y-y_T)^2}$$
$$\rho_R = \sqrt{(x-x_R)^2 + (y-y_R)^2} \tag{6.3}$$

发射天线和接收天线在笛卡尔坐标系下的位置分别用 (x_T,y_T,z_T) 和 (x_R,y_R,z_R) 表示。柱坐标系与笛卡尔坐标系的转换关系为 $x_T = R_0 \sin\theta_T$，$y_T = -R_0 \cos\theta_T$，$x_R = R_0 \sin\theta_R$ 及 $y_R = -R_0 \cos\theta_R$，其中，R_0 表示柱面阵列的半径；θ 表示 y 轴负方向与 (x,y) 平面中孔径半径之间的夹角，如图 6.1（b）所示。

下面基于单站柱面孔径波数域算法的思路[1,4]，推导柱面 MIMO 的波数域算法（简称 MIMO – ωk）。

式（6.1）中的指数项 e^{-jkR_T} 和 e^{-jkR_R} 可近似为自由空间格林函数，其关于 z_T 和 z_R 的傅里叶变换可分别表示为[5,6]

$$\mathcal{F}_{z_T}[e^{-jkR_T}] = e^{-j(k_{\rho_T}\rho_T + k_{z_T}z)}$$
$$\mathcal{F}_{z_R}[e^{-jkR_R}] = e^{-j(k_{\rho_R}\rho_R + k_{z_R}z)} \quad (6.4)$$

式中

$$k_{\rho_T} = \sqrt{k^2 - k_{z_T}^2}$$
$$k_{\rho_R} = \sqrt{k^2 - k_{z_R}^2} \quad (6.5)$$

对式 (6.1) 的两侧进行关于 z_T 和 z_R 的傅里叶变换，并将式 (6.4) 代入，得到

$$s(k,\theta_T,\theta_R,k_{z_T},k_{z_R}) = \iiint \sigma(x,y,z) e^{-j(k_{\rho_T}\rho_T + k_{z_T}z)} e^{-j(k_{\rho_R}\rho_R + k_{z_R}z)} dxdydz \quad (6.6)$$

进一步，可将上式中的柱面波函数 $e^{-jk_{\rho_T}\rho_T}$ 及 $e^{-jk_{\rho_R}\rho_R}$ 展开为以下平面波叠加的形式

$$e^{-jk_{\rho_T}\rho_T} = \int e^{-jk_{x_T}(x-x_T)} e^{-jk_{y_T}(y-y_T)} dk_{x_T} \quad (6.7)$$

$$e^{-jk_{\rho_R}\rho_R} = \int e^{-jk_{x_R}(x-x_R)} e^{-jk_{y_R}(y-y_R)} dk_{x_R} \quad (6.8)$$

式中

$$k_{\rho_T} = \sqrt{k_{x_T}^2 + k_{y_T}^2}$$
$$k_{\rho_R} = \sqrt{k_{x_R}^2 + k_{y_R}^2} \quad (6.9)$$

将式 (6.7)、式 (6.8) 代入式 (6.6) 中，并整理积分顺序，可得

$$s(k,\theta_T,\theta_R,k_{z_T},k_{z_R}) = \iiint \sigma(x,y,z) e^{-j(k_{x_T}+k_{x_R})x} e^{-j(k_{y_T}+k_{y_R})y} e^{-j(k_{z_T}+k_{z_R})z} \cdot$$
$$e^{jk_{x_T}x_T} e^{jk_{y_T}y_T} e^{jk_{x_R}x_R} e^{jk_{y_R}y_R} dxdydzdk_{x_T}dk_{x_R} \quad (6.10)$$

上式中关于 (x,y,z) 的积分可以表示为 $\sigma(x,y,z)$ 的傅里叶变换 $\sigma(k_x,k_y,k_z)$，即

$$s(k,\theta_T,\theta_R,k_{z_T},k_{z_R}) = \iint \sigma(k_x,k_y,k_z) e^{jk_{x_T}x_T} e^{jk_{y_T}y_T} e^{jk_{x_R}x_R} e^{jk_{y_R}y_R} dk_{x_T}dk_{x_R}$$
$$(6.11)$$

式中

$$k_x = k_{x_T} + k_{x_R}$$
$$k_y = k_{y_T} + k_{y_R} \quad (6.12)$$
$$k_z = k_{z_T} + k_{z_R}$$

笛卡尔坐标系与极坐标系之间的变量满足如下微分关系：$dk_{x_T}dk_{y_T} = k_{\rho_T}dk_{\rho_T}d\phi_T$，其中，$\phi_T$ 为 k_{ρ_T} 与 $-k_y$ 轴的夹角，且满足关系 $k_{x_T} = k_{\rho_T}\sin\phi_T$ 与

$k_{y_T} = -k_{\rho_T}\cos\phi_T$。对于 ϕ_T 较小的情况，有 $dk_{x_T} \approx k_{\rho_T}\cos\phi_T d\phi_T$，同理可得 $dk_{x_R} \approx k_{\rho_R}\cos\phi_R d\phi_R$。将该空间波数关系代入式 (6.11) 中，可得

$$s(k,\theta_T,\theta_R,k_{z_T},k_{z_R}) = k_{\rho_T}k_{\rho_R}\iint \sigma(k_{\rho_T},k_{\rho_R},\phi_T,\phi_R,k_z)\cos\phi_T\cos\phi_R \cdot \\ e^{jk_{\rho_T}R_0\cos(\theta_T-\phi_T)}e^{jk_{\rho_R}R_0\cos(\theta_R-\phi_R)}d\phi_T d\phi_R \tag{6.13}$$

式中，极坐标系和笛卡尔坐标系之间的波数关系为

$$\begin{aligned} k_{x_{T/R}} &= k_{\rho_{T/R}}\sin\phi_{T/R} \\ k_{y_{T/R}} &= -k_{\rho_{T/R}}\cos\phi_{T/R} \end{aligned} \tag{6.14}$$

式中，下标 T/R 表示发射阵列或接收阵列。

由式 (6.13) 可见，右侧关于 ϕ_T 和 ϕ_R 的积分可以分别表示为关于 θ_T 和 θ_R 的卷积

$$s(k,\theta_T,\theta_R,k_{z_T},k_{z_R}) = k_{\rho_T}k_{\rho_R}\sigma(k_{\rho_T},k_{\rho_R},\theta_T,\theta_R,k_z)\cos\theta_T\cos\theta_R \otimes_T e^{jk_{\rho_T}R_0\cos\theta_T}\otimes_R e^{jk_{\rho_R}R_0\cos\theta_R} \tag{6.15}$$

式中，$\otimes_T$ 与 $\otimes_R$ 分别表示对于 θ_T 和 θ_R 的卷积。

由式 (6.15) 可见，通过反卷积，即可获得目标的空间频谱 $\sigma(k_{\rho_T},k_{\rho_R},\theta_T,\theta_R,k_z)$，进而利用逆傅里叶变换即可得到目标图像 $\sigma(x,y,z)$。为实现快速反卷积操作，对式 (6.15) 进行关于 θ_T 和 θ_R 的傅里叶变换，得到

$$s(k,\xi_T,\xi_R,k_{z_T},k_{z_R}) = k_{\rho_T}k_{\rho_R}\sigma'(k_{\rho_T},k_{\rho_R},\xi_T,\xi_R,k_z)H^{(1)}_{\xi_T}(k_{\rho_T}R_0)e^{j\pi\xi_T/2}H^{(1)}_{\xi_R}(k_{\rho_R}R_0)e^{j\pi\xi_R/2} \tag{6.16}$$

式中，ξ_T 与 ξ_R 分别表示 θ_T 与 θ_R 的傅里叶变换域；$\sigma'(k_{\rho_T},k_{\rho_R},\xi_T,\xi_R,k_z)$ 表示 $\sigma(k_{\rho_T},k_{\rho_R},\theta_T,\theta_R,k_z)\cos\theta_T\cos\theta_R$ 的傅里叶变换。$H^{(1)}_{\xi_{T/R}}$ 表示阶数为 $\xi_{T/R}$ 的第一类汉克尔函数，有如下关系[6]

$$H^{(1)}_{\xi_{T/R}}(k_{\rho_{T/R}}R_0) = \mathcal{F}_{\theta_{T/R}}\left[e^{jk_{\rho_{T/R}}R_0\cos\theta_{T/R}}\right]e^{-j\pi\xi_{T/R}/2} \tag{6.17}$$

若 $\xi \ll k_\rho R_0$，汉克尔函数可以近似表示为[1,5]

$$H^{(1)}_{\xi}(k_\rho R_0) \approx e^{j\sqrt{k_\rho^2 R_0^2 - \xi^2}}e^{-j\pi/2} \tag{6.18}$$

因此，将式 (6.16) 两侧除以汉克尔函数及指数项，并对 ξ_T 与 ξ_R 进行逆傅里叶变换，即可得到目标函数的空间频谱

$$\sigma(k_{\rho_T},k_{\rho_R},\theta_T,\theta_R,k_{z_T},k_{z_R}) = \frac{1}{k_{\rho_T}k_{\rho_R}\cos\theta_T\cos\theta_R}\mathcal{F}^{-1}_{\xi_{T/R}}\left[\frac{s(k,\xi_T,\xi_R,k_{z_T},k_{z_R})e^{-j\pi\xi_T/2}e^{-j\pi\xi_R/2}}{H^{(1)}_{\xi_T}(k_{\rho_T}R_0)H^{(1)}_{\xi_R}(k_{\rho_R}R_0)}\right] \tag{6.19}$$

式中，k_{ρ_T}、k_{ρ_R} 与 k 的关系由式 (6.5) 给出。

最终，需要采用插值与降维处理实现从高维目标频谱 $\sigma(k_{\rho_T}, k_{\rho_R}, \theta_T, \theta_R, k_{z_T}, k_{z_R})$ 到低维频谱 $\sigma(k_x, k_y, k_z)$ 的转换，从而可利用三维 IFFT 得到目标散射系数的空间分布。

下面给出插值与降维的具体实现细节。首先，将数据 $\sigma(k_{\rho_T}, k_{\rho_R}, \theta_T, \theta_R, k_{z_T}, k_{z_R})$ 从极坐标系 $(k_{\rho_{T/R}}, \theta_{T/R})$ 插值至笛卡尔坐标系 $(k_{x_{T/R}}, k_{y_{T/R}})$。由式（6.19）右侧的处理可见，其左侧实际应为 $\sigma(k, \theta_T, \theta_R, k_{z_T}, k_{z_R})$，可见收发在水平维对应的空间频率是耦合在一起的（$k_{\rho_T}$、$k_{\rho_R}$ 均与 k 相关）。为了解除耦合关系，利用色散关系进行升维，即将式（6.19）右侧的直接计算结果 $\sigma(k, \theta_T, \theta_R, k_{z_T}, k_{z_R})$ 转换为更高维度的 $\sigma(k_T, \theta_T, k_R, \theta_R, k_{z_T}, k_{z_R})$。

$$k = k_T + k_R \tag{6.20}$$

式中，k_T 与 k_R 可以基于式（6.5）得到

$$k_T = \frac{1}{2}\sqrt{k_{\rho_T}^2 + k_{z_T}^2}$$
$$k_R = \frac{1}{2}\sqrt{k_{\rho_R}^2 + k_{z_R}^2} \tag{6.21}$$

具体来说，在对需要升维的数据进行向量化后，数据表现为一维序列形式，并假设升维前的序列包含 N 个元素。为实现升维操作，需要构造 $\frac{N-1}{2} \times \frac{N-1}{2}$ 的方阵。依次遍历一维序列中的元素，并将其按顺序映射在方阵的反对角线上，具体过程如图 6.2 所示（与第 3 章讨论的升维过程相同）。

升维后即可获得分别关于 (k_T, θ_T) 与 (k_R, θ_R) 相互独立的频谱数据矩阵。之后，基于式（6.21）及式（6.9）所示的坐标变换关系，利用两维插值即可将 $\sigma(k_T, \theta_T, k_R, \theta_R, k_{z_T}, k_{z_R})$ 映射至 $\sigma(k_{x_T}, k_{x_R}, k_{y_T}, k_{y_R}, k_{z_T}, k_{z_R})$。

最后，利用式（6.12）依次对 $\sigma(k_{x_T}, k_{x_R}, k_{y_T}, k_{y_R}, k_{z_T}, k_{z_R})$ 的子收发维度 (k_{x_T}, k_{x_R})、(k_{y_T}, k_{y_R}) 及 (k_{z_T}, k_{z_R}) 进行降维。对于需要降维的数据，其体现为二维方阵形式，不妨假设其维度为 $\frac{N-1}{2} \times \frac{N-1}{2}$。降维实现方式为依次遍历数据方阵中每个反对角线元素序列，并对反对角线元素求平均（也可尝试其他操作，如求和），降维后的序列共有 N 个元素。

此外，实现上述降维还需满足的前提是，待降维的发射与接收子阵对应的空间频率划分网格须相同。以高度向为例，收发阵列需满足如下关系[7]

$$\frac{1}{N_{z_T}\Delta z_T} = \frac{1}{N_{z_R}\Delta z_R} \tag{6.22}$$

第6章 柱面MIMO阵列成像

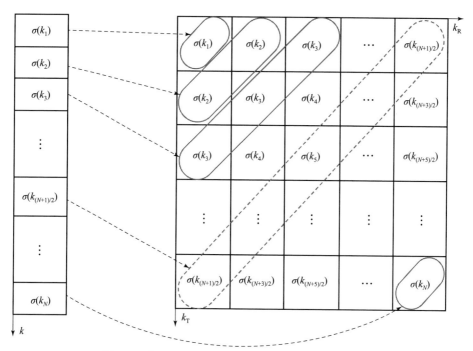

图6.2 由 $\sigma(k,\cdots)$ 到 $\sigma(k_T,k_R,\cdots)$ 升维关系示意图

式中，Δz_T 与 Δz_R 分别为发射阵列与接收阵列的天线间距；N_{z_T} 与 N_{z_R} 分别表示从 (z_T,z_R) 域变换到 (k_{z_T},k_{z_R}) 域的 FFT 点数。由于 (k_{x_T},k_{x_R})、(k_{y_T},k_{y_R}) 维度对应的数据由插值得到，故只需设定相同的插值网格即可。

综上所述，柱面 MIMO 的波数域算法可归纳为以下步骤：

（1）对柱面 MIMO 回波信号 $s(k,\theta_T,\theta_R,z_T,z_R)$ 进行关于 $(\theta_T,\theta_R,z_T,z_R)$ 的 4D-FFT，其中的欠采样数据需要进行补零 FFT。

（2）以柱面阵列的轴心所在位置为原点构造参考函数，并与 $s(k,\xi_T,\xi_R,k_{z_T},k_{z_R})$ 相乘（相当于匹配滤波）。参考函数可提前计算好，并存储于存储器中。

（3）对匹配滤波之后的空间频域数据进行关于 (ξ_T,ξ_R) 的 2D-IFFT，并除以系数 $k_{\rho_T} k_{\rho_R} \cos\theta_T \cos\theta_R$（可省略，仅影响频谱幅度），获得 $\sigma(k,\theta_T,\theta_R,k_{z_T},k_{z_R})$。

（4）对上述数据，沿 k 维度进行升维，获得 $\sigma(k_T,\theta_T,k_R,\theta_R,k_{z_T},k_{z_R})$。此步骤将收发维度的波数进行分离，为极坐标系到笛卡尔坐标系的插值做准备。

（5）利用色散关系式（6.21），对 $\sigma(k_T,\theta_T,k_R,\theta_R,k_{z_T},k_{z_R})$ 进行坐标变换，获得 $\sigma(k_{\rho_T},\theta_T,k_{\rho_R},\theta_R,k_{z_T},k_{z_R})$。

（6）以 $(k_{\rho_R},\theta_R,k_{z_T},k_{z_R})$ 为索引，将 (k_{ρ_T},θ_T) 域数据插值至 (k_{x_T},k_{y_T})

域；以 $(k_{x_\mathrm{T}}, k_{y_\mathrm{T}}, k_{z_\mathrm{T}})$ 为索引，将 $(k_{\rho_\mathrm{R}}, \theta_\mathrm{R})$ 域数据插值至 $(k_{x_\mathrm{R}}, k_{y_\mathrm{R}})$ 域。该插值消除了信号方位向与距离向的耦合，从而可利用笛卡尔坐标系 IFFT 实现成像。

（7）对 $\sigma(k_{x_\mathrm{T}}, k_{x_\mathrm{R}}, k_{y_\mathrm{T}}, k_{y_\mathrm{R}}, k_{z_\mathrm{T}}, k_{z_\mathrm{R}})$ 进行降维，得到 $\sigma(k_x, k_y, k_z)$。

（8）利用 3D-IFFT 完成成像。

根据上述算法描述，柱面 MIMO 波数域算法的处理流程如图 6.3 所示。

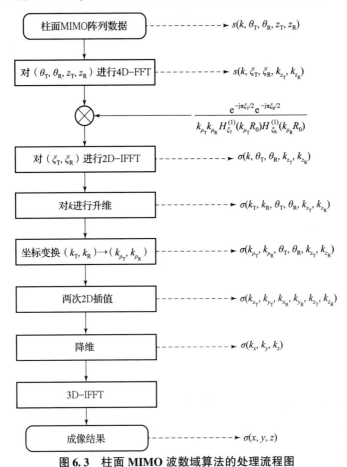

图 6.3　柱面 MIMO 波数域算法的处理流程图

假设 MIMO 回波数据尺寸为 $N_k \times N_{\theta_\mathrm{T}} \times N_{\theta_\mathrm{R}} \times N_{z_\mathrm{T}} \times N_{z_\mathrm{R}}$（对于欠采样阵列，需要补零到满采样），则上述算法主要步骤的计算复杂度见表 6.1。

由表 6.1 可见，在数据量足够大时，可取 $O(M_x^2 M_y^2 M_z^2)$ 近似作为柱面 MIMO 波数域算法的计算复杂度，而常规 BP 算法的计算复杂度约为 $O(N_{\theta_\mathrm{T}} N_{\theta_\mathrm{R}} N_{z_\mathrm{T}} N_{z_\mathrm{R}} P_x P_y P_z)$。可见，波数域算法比 BP 的计算复杂度可降低一个数量级。

表 6.1 柱面 MIMO 波数域算法计算复杂度

步骤	浮点运算次数	备注
对 $(\theta_T, \theta_R, z_T, z_R)$ 进行 4D-FFT	$10N_k N_\theta^2 N_z^2 \lg(N_\theta N_z)$	N_θ、N_z 和 N_k：水平维收发阵列补零后等效阵元数、高度向满采样阵元数及频点数。若角度向满采样阵元数为 N_{θ_T}，则 $N_\theta = 2N_{\theta_T}$
参考函数相乘	$6N_\theta^2 N_z^2 N_k$ ①	
对 (ξ_T, ξ_R) 进行 2D-IFFT	$10N_k N_\theta^2 N_z^2 \lg N_\theta$	
频谱升维	—	k_T 与 k_R 点数变为 $N_k/2$
对 (k_{ρ_T}, θ_T) 进行二维插值	$7N_k N_\theta M_x M_y M_z^2$	M_x 和 M_y：对方位向和距离向进行双线性插值后的频率点数；M_z 为高度向频谱截取后的数据长度
对 (k_{ρ_R}, θ_R) 进行二维插值	$14M_x^2 M_y^2 M_z^2$	
对 (k_{x_T}, k_{x_R}) 降维	$2(M_x-1)^2 M_y^2 M_z^2$	见备注②
对 (k_{y_T}, k_{y_R}) 降维	$2(2M_x-1)(M_y-1)^2 M_z^2$	
对 (k_{z_T}, k_{z_R}) 降维	$2(2M_x-1)(2M_y-1)(M_z-1)^2$	
对 (k_x, k_y, k_z) 进行 3D-IFFT	$5P_x P_y P_z \lg(P_x P_y P_z)$	P_x、P_y 和 P_z：方位向、距离向和高度向的像素点数

①：相乘因子为 $\dfrac{\mathrm{e}^{-\mathrm{j}\pi\xi_T/2}\mathrm{e}^{-\mathrm{j}\pi\xi_R/2}}{H_{\xi_T}^{(1)}(k_{\rho_T}R_0)H_{\xi_R}^{(1)}(k_{\rho_R}R_0)}$。

②：降维分为三步：首先，循环遍历 $(k_{y_T}, k_{y_R}, k_{z_T}, k_{z_R})$，根据公式 $k_x = k_{x_T} + k_{x_R}$ 对 (k_{x_T}, k_{x_R}) 进行求和降维；其次，循环遍历 (k_x, k_{z_T}, k_{z_R})，对 (k_{y_T}, k_{y_R}) 进行降维；最后，遍历 (k_x, k_y)，对 (k_{z_T}, k_{z_R}) 进行降维。

6.2.2 关键性能参数分析

6.2.2.1 采样准则分析

前述章节已经分析了直线型、弧线型阵列的天线单元最小间距要求，而柱面 MIMO 阵列可分解为直线子阵和弧线子阵。因此，这里直接给出结论。对于竖直向阵列，其满采样子阵的单元间距需满足如下关系

$$\Delta z \leqslant \frac{\lambda_{\min}}{2\sin\dfrac{\Theta_z}{2}} \tag{6.23}$$

式中，$\lambda_{\min}$ 为所用电磁波的最短波长；Θ_z 可表示为

$$\Theta_z = \min\left\{\Theta_{z_{\text{antenna}}}, 2\arcsin\left[\frac{(L_z+D_z)/2}{\sqrt{R_1^2+(L_z+D_z)^2/4^2}}\right]\right\}$$

式中，R_1 表示目标到阵列的最短距离；L_z 表示竖直向阵列长度；D_z 表示目标高度向的最大跨度；$\Theta_{z_{\text{antenna}}}$ 为天线单元在高度向的主瓣宽度。

对于水平维的弧线满采样子阵而言，其阵元角度间距应满足 $k_\rho \sin\Delta\theta \approx k\sin\Delta\theta \leqslant 2\pi/D_x$，可得

$$\Delta\theta \leqslant \frac{\lambda_{\min}}{D_x} \tag{6.24}$$

式中，D_x 表示目标沿着水平方向的最大跨度。该式成立的前提是，水平维天线单元波束均可覆盖目标区域。

对于欠采样子阵，其单元间距可不受上述要求约束，但过低的采样率会对成像效果产生影响，详见 3.3.1 节分析。

6.2.2.2 分辨率分析

与前面章节讨论的 MIMO 阵列维度对应的空间频率关系类似，柱面 MIMO 的色散关系同样满足：$k_x = k_{x_T} + k_{x_R}$、$k_z = k_{z_T} + k_{z_R}$；并且，收发频谱之间亦为卷积关系。因此，该体制下的三维点扩展函数可以表示为

$$\sigma_{\text{psf}}(x,y,z) = \text{sinc}^2\left(\frac{2\sin\dfrac{\Theta_h}{2}}{\lambda_c}x\right)\text{sinc}^2\left(\frac{2\sin\dfrac{\Theta_z}{2}}{\lambda_c}z\right)\text{sinc}\left(\frac{k_{y,\max}-k_{y,\min}}{2\pi}y\right) \tag{6.25}$$

式中，λ_c 一般可假定为中心频率对应的波长；Θ_h 表示阵列方位向孔径对应目标的张角与天线主波束张角中的较小者，即

$$\Theta_h = \min\left\{\Theta_{h_{\text{ante}}}, 2\arcsin\left[\frac{(L_a+D_a)/2}{\sqrt{R_1^2+(L_a+D_a)^2/4}}\right]\right\} \tag{6.26}$$

式中，$\Theta_{h_{\text{ante}}}$ 表示方位向天线主波束张角；R_1 表示目标到圆弧孔径弦的距离；

L_a 表示柱面角度孔径弦长；D_a 表示目标沿方位向的最大跨度。

同理，Θ_z 可表示为

$$\Theta_z = \min\left\{\Theta_{z_{\text{ante}}}, 2\arcsin\left[\frac{(L_z + D_z)/2}{\sqrt{R_0^2 + (L_z + D_z)^2/4}}\right]\right\} \tag{6.27}$$

式中，$\Theta_{z_{\text{ante}}}$ 表示高度向天线主波束张角；R_0 表示柱面阵列的半径；L_z 表示柱面阵列高度；D_z 为目标沿高度向的最大跨度。

由式（6.25）可知，点扩展函数在三个维度的 3 dB 宽度即分辨率，分别可表示为

$$\delta_x = \frac{0.318\,9\lambda_c}{\sin\dfrac{\Theta_h}{2}}$$

$$\delta_z = \frac{0.318\,9\lambda_c}{\sin\dfrac{\Theta_z}{2}} \tag{6.28}$$

$$\delta_y = \frac{0.442\,2c}{B}$$

式中，B 表示信号带宽。

6.2.3 数值仿真实验

本小节给出上述成像体制与算法的仿真验证，具体仿真参数见表 6.2。

表 6.2 柱面 MIMO 阵列成像仿真参数

参数	数值
信号起始频率/GHz	31
信号终止频率/GHz	39
柱面阵列半径/m	1.5
步进频率点数	15
高度向发射阵列天线间隔/cm	10.0
高度向接收阵列天线间隔/cm	1.0
高度向发射天线个数	5
高度向接收天线个数	41
弧线方向发射阵列天线间隔/cm	9.90

续表

参数	数值
弧线方向接收阵列天线间隔/cm	0.990
弧线方向发射天线个数	5
弧线方向接收天线个数	41

首先是基于 MATLAB 的点目标仿真，波数域算法与 BP 算法的三维成像结果如图 6.4 所示。图 6.5 给出了经过中心目标的成像结果二维切面图，图 6.6 为对应的高度向、方位向及距离向的一维成像结果。从图中可见，波数域算法的成像结果存在一定程度的幅度起伏，成像效果略差于 BP 算法。引起幅度起伏的主要因素包括频谱截断及插值范围选取等，因此，在实际应用中需对这两者进行精细调整，以获得更优的成像结果。

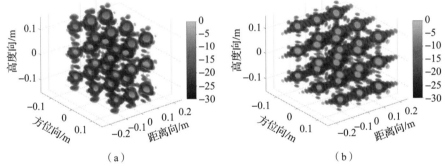

图 6.4　柱面 MIMO 阵列不同算法三维成像结果（书后附彩插）
(a) 柱面波数域算法成像结果；(b) BP 算法成像结果

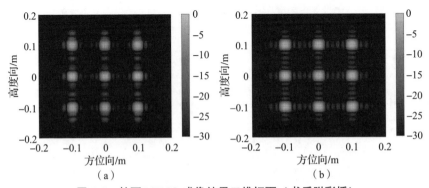

图 6.5　柱面 MIMO 成像结果二维切面（书后附彩插）
(a) 波数域算法方位向－高度向切面；(b) BP 算法方位向－高度向切面

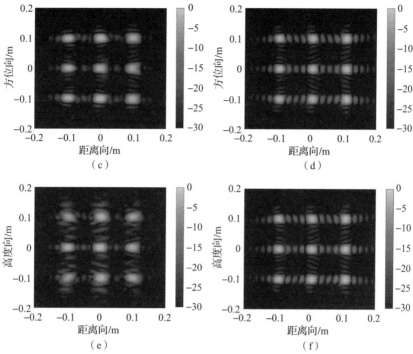

图 6.5 柱面 MIMO 成像结果二维切面（书后附彩插）（续）

（c）波数域算法距离向 – 方位向切面；（d）BP 算法距离向 – 方位向切面；
（e）波数域算法距离向 – 高度向切面；（f）BP 算法距离向 – 高度向切面

在计算效率方面，由表 6.1 可知，波数域算法的复杂度要低于 BP 算法。在本例中，波数域算法耗时约 1 500 s，BP 算法耗时大于 5 000 s。可见，虽然柱面 MIMO 波数域算法的计算时间相比于 BP 算法大幅减少，但仍难以满足快速成像的要求（此处不考虑纯粹依赖硬件的加速手段）。

柱面 MIMO 波数域算法计算效率较低的原因主要有：

（1）算法对角度向与高度向欠采样阵列的补零增加了数据规模。

（2）算法需要对 k 升维，以实现收发维度的解耦，将计算复杂度提升了一个数量级。

（3）高维空间的插值耗时较长（对于其他形式 MIMO 的波数域算法，也存在这一问题）。

最后，给出基于 gprMax 的仿真结果。gprMax 为全波仿真软件，使用时域有限差分（FDTD）方法求解三维麦克斯韦方程组[8]。在仿真时，采用了 NVIDIA TITAN Xp 显卡进行加速，考虑到显存的限制，将柱面 MIMO 阵列的半径设为 0.5 m，以减小 gprMax 的计算区域，其余参数与表 6.2 中的相同。仿真所用目标模型为车轮形状的金属模具，具体形状如图 6.7 所示。

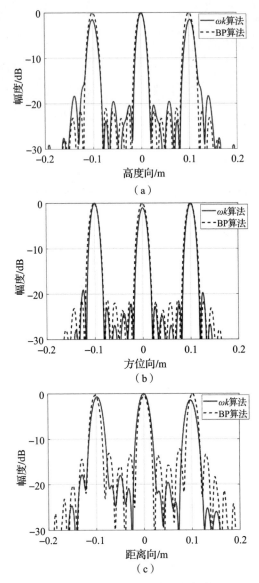

图 6.6 柱面 MIMO 一维成像结果
(a) 高度向对比;(b) 方位向对比;(c) 距离向对比

三维成像及对应的方位向 – 高度向截面成像结果如图 6.8 所示。与 BP 算法相比,波数域算法的图像幅度存在一定起伏。如前述分析,幅度起伏可能主要由频谱截断及插值范围选取等引起。波数域算法与 BP 算法结果的图像熵分别为 0.502 7、0.446 2。总体而言,二者的成像效果类似,但前者具有更高的计算效率。

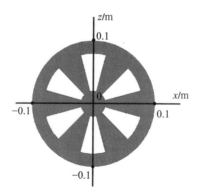

图 6.7 gprMax 目标模型示意图

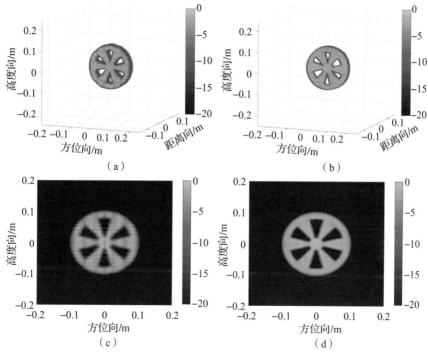

图 6.8 基于 gprMax 的柱面 MIMO 阵列成像结果（书后附彩插）

（a）波数域算法三维成像结果；（b）BP 算法三维成像结果；
（c）波数域算法方位向 – 高度向成像结果；（d）BP 算法方位向 – 高度向成像结果

6.3 柱面多子阵 MIMO 快速成像技术

上一节讨论了全收发组合的柱面 MIMO 阵列成像体制及波数域算法。然而，全收发组合系统的复杂度较高，数据存在冗余；对应的波数域算法由于存在高维匹配滤波及插值运算,从而导致计算效率难以满足快速成像的要求。

针对上述问题,本节讨论一种改进的柱面多子阵 MIMO 阵列结构。该结构由若干相同的瓦片式 MIMO 子阵组成,每个子阵有四条边,其中,发射天线位于上下两条水平弧线上,接收天线位于左右两条垂直线上(反之亦可),并且收发天线组合仅限定于子阵内。这种模块化子阵设计不仅减少了数据冗余量,而且便于检修、维护与更换。

在成像算法方面,将 MIMO 数据映射为柱面孔径上的单站数据,从而可利用单站波数域算法实现快速成像。为了保证等效相位中心处的数据精度,这里仍然采用多参考点相位补偿方法[3]。

6.3.1 柱面多子阵 MIMO – SISO 变换

柱面多子阵 MIMO 阵列拓扑结构如图 6.9(a)所示,假定发射天线(实心圆圈,由"Tx"表示)沿柱面水平弧线方向均匀分布,接收天线(空心圆圈,由"Rx"表示)沿柱面母线方向均匀分布。对于该阵列系统,其解调后的回波信号可表示为

$$s(\boldsymbol{r}_T, \boldsymbol{r}_R, k) = \iiint \sigma(\boldsymbol{r}) e^{-jkR(\boldsymbol{r}, \boldsymbol{r}_T, \boldsymbol{r}_R)} dxdydz \tag{6.29}$$

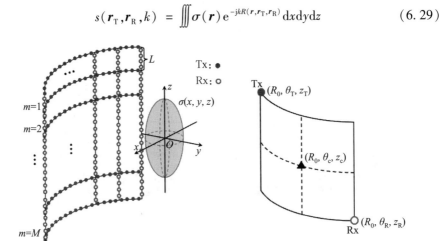

图 6.9 柱面多子阵 MIMO 阵列及 MIMO – SISO 变换示意图

(a)柱面多子阵 MIMO 阵列拓扑结构;(b)子阵中 MIMO – SISO 变换示意图

式中,$k = 2\pi f/c$,表示波数,f 为工作频率,c 为光速;$\boldsymbol{r}_T = (R_0, \theta_T, z_T)$,表示发射天线的位置;$\boldsymbol{r}_R = (R_0, \theta_R, z_R)$,表示接收天线的位置,这里柱坐标 (R, θ, z) 与笛卡尔坐标 (x, y, z) 的转换关系为 $x = R\sin\theta$,$y = -R\cos\theta$,$z = z$;$\boldsymbol{r} = (x, y, z)$,表示目标散射系数 $\sigma(\boldsymbol{r})$ 的空间坐标;$R(\boldsymbol{r}, \boldsymbol{r}_T, \boldsymbol{r}_R)$ 表示收、发天线

组合到目标的双程传播距离

$$R(r,r_T,r_R) = |r_T - r| + |r_R - r| \tag{6.30}$$

子阵内每对收、发天线组合的等效相位中心的位置用 $r_c(R_0, \theta_c, z_c)$ 表示。注意，此等效相位中心位于柱面上，而非常用的收、发连线的中点。由图 6.9（b）可见，等效相位中心坐标可通过下式计算

$$\theta_c = (\theta_T + \theta_R)/2 \tag{6.31}$$
$$z_c = (z_T + z_R)/2 \tag{6.32}$$

在远场情况下，等效相位中心近似的精度较高，而在近场，则存在较大的变换误差。因此，需采用相位补偿方法校正等效引入的误差。文献［9］针对平面 MIMO 阵列引入了一种基于参考点的相位补偿方法，本节首先分析其适用性。

6.3.2 基于参考点的相位补偿方法误差分析

以平面 MIMO 的一个子阵为例分析该补偿的残余误差，几何关系如图 6.10 所示，参考点设为 P，且假定 P 到正方形子阵的投影点恰在其中心，目标点位于 T 处。

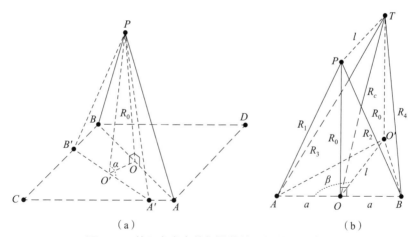

图 6.10 基于参考点的相位补偿几何关系示意图
（a）参考点 P 与正方形阵列（$A-B-C-D$）的几何关系；（b）目标点 T 与阵列的位置关系

相位误差校正前，等效相位中心产生的距离误差可以表示为

$$\varepsilon_R = R_{A'P} + R_{B'P} - 2R_{PO'} \tag{6.33}$$

式中

$$R_{A'P} = \sqrt{R_{PO'}^2 + R_{A'O'}^2 - 2R_{PO'}R_{A'O'}\cos\alpha} \tag{6.34}$$

$$R_{B'P} = \sqrt{R_{PO'}^2 + R_{A'O'}^2 + 2R_{PO'}R_{A'O'}\cos\alpha} \tag{6.35}$$

这里，A' 和 B' 分别表示发射天线和接收天线的位置，并分别位于线段 AC 和 BC 上；O 和 O' 分别是线段 AB 和 $A'B'$ 的中点。对 $R_{A'P}$ 和 $R_{B'P}$ 进行泰勒展开，可得

$$R_{A'P} \approx R_{PO'} + \frac{R_{A'O'}^2}{2R_{PO'}} - R_{A'O'}\cos\alpha \qquad (6.36)$$

$$R_{B'P} \approx R_{PO'} + \frac{R_{A'O'}^2}{2R_{PO'}} + R_{A'O'}\cos\alpha \qquad (6.37)$$

将式 (6.36)、式 (6.37) 代入式 (6.33) 中，可得

$$\varepsilon_R = \frac{R_{A'O'}^2}{R_{PO'}} \qquad (6.38)$$

显然，当 $A'B'$ 与 AB 重合时，路程差 $\varepsilon_R = R_{AP} + R_{BP} - 2R_0$ 取得最大值。若采用文献 [9] 中的单参考点相位补偿方法，则 (A,B) 对应的等效相位中心在校正后具有的残余距离误差为

$$\varepsilon'_R = (R_3 + R_4) - (R_1 + R_2) + 2R_0 - 2R_c \qquad (6.39)$$

式中

$$\begin{aligned}
R_1 &= \sqrt{R_0^2 + a^2} \\
R_2 &= \sqrt{R_0^2 + a^2} \\
R_3 &= \sqrt{R_0^2 + a^2 + l^2 - 2al\cos\beta} \\
R_4 &= \sqrt{R_0^2 + a^2 + l^2 + 2al\cos\beta} \\
R_c &= \sqrt{R_0^2 + l^2}
\end{aligned} \qquad (6.40)$$

式中，a 等于收、发组合 (A,B) 距离的一半；l 为参考点到目标的距离；R_0 表示目标到阵列的直线距离。

对式 (6.40) 进行泰勒展开，得到

$$\begin{aligned}
R_1 &\approx R_0 + \frac{a^2}{2R_0} \\
R_2 &\approx R_0 + \frac{a^2}{2R_0} \\
R_3 &\approx R_0 + \frac{a^2 + l^2}{2R_0} - al\cos\beta \\
R_4 &= R_0 + \frac{a^2 + l^2}{2R_0} + al\cos\beta \\
R_c &\approx R_0 + \frac{l^2}{2R_0}
\end{aligned} \qquad (6.41)$$

将式 (6.41) 代入式 (6.39) 中，可得误差为 $\varepsilon'_R = 0$。可见残余误差为

零的前提条件为 $a^2/R_0^2 \ll 1$，$R_{AO'}^2/R_0^2 \ll 1$，$R_{BO'}^2/R_0^2 \ll 1$ 与 $l^2/R_0^2 \ll 1$。由于 β 从 $0°$ 到 $180°$ 变化，上述限定条件可改写为

$$(a+l)^2/R_0^2 \ll 1 \tag{6.42}$$

由以上分析可知，若仅在成像区域中心设置单一参考点 P，对于远离阵列中心的收发单元或者远离参考点的目标而言，式（6.42）不再成立。因此，对于大孔径阵列或大成像场景，单一参考点相位补偿会带来较大误差，从而降低边缘目标的成像质量。

6.3.3 基于子阵中心的多参考点相位补偿及成像算法

由上述分析可知，为了保证成像精度，应该避免出现较大的 $\dfrac{a+l}{R_0}$。本节针对柱面多子阵 MIMO 阵列，提出一种多参考点相位补偿方法，每个参考点均投影于对应子阵的中心位置。对于柱面阵列而言，所有参考点恰好位于柱面的轴线上，因此，坐标可设为 $x=0$，$y=0$，$z=(m-1/2)L$，其中，m 和 L 的含义如图 6.9（a）所示。此外，每个子阵的成像区域可由天线单元的波束宽度控制，这意味着可以将式（6.42）中的距离限制在较小范围内。对于第 i 个子阵，其校正后的散射数据可由下式给出

$$\hat{s}(\boldsymbol{r}_{ci},k) = s(\boldsymbol{r}_{Ti},\boldsymbol{r}_{Ri},k)\dfrac{s_{\text{ref}}(\boldsymbol{r}_{ci},k)}{s_{\text{ref}}(\boldsymbol{r}_{Ti},\boldsymbol{r}_{Ri},k)} \tag{6.43}$$

式中，$\boldsymbol{r}_{ci}$ 表示由式（6.31）与式（6.32）计算的等效相位中心；发射天线与接收天线位于 $(\boldsymbol{r}_{Ti},\boldsymbol{r}_{Ri})$；$s_{\text{ref}}(\boldsymbol{r}_{Ti},\boldsymbol{r}_{Ri},k)$ 和 $s_{\text{ref}}(\boldsymbol{r}_{ci},k)$ 分别表示参考点 $\boldsymbol{r}_{\text{ref}i}$ 处虚拟点目标对应的多站回波数据和单站回波数据。

上述方法也可称为基于子阵中心的补偿方法。补偿之后，即可采用柱面单站波数域算法[1,4]实现三维图像的快速重构

$$\hat{\sigma}(\boldsymbol{r}) = \mathcal{O}(\hat{s}) \tag{6.44}$$

式中，$\hat{s}$ 表示相位校正后的回波数据 $\hat{s}(\boldsymbol{r}_c,k)$；$\mathcal{O}$ 表示柱面单站波数域成像算子，即

$$\mathcal{O} = \mathcal{F}_{3D}^{-1}\{\text{IN}_{2D}\{\mathcal{F}_{k_\theta}^{-1}\{\mathcal{F}_\theta[\mathcal{F}_z(\,\cdot\,)]/\mathcal{F}_\theta[e^{-jk_\rho R_0\cos\theta}]\}\}\} \tag{6.45}$$

式中，$\mathcal{F}$ 和 $\mathcal{F}^{-1}$ 分别表示傅里叶变换及其逆变换，下标表示执行的维数或相应变量；与 θ、z 对应的傅里叶变量分别为 k_θ、k_z，定义 $k_x = k_\rho\sin\theta$，$k_y = -k_\rho\cos\theta$，且 $k_\rho = \sqrt{4k^2 - k_z^2}$；$\text{IN}_{2D}$ 表示从 (k_ρ,θ) 域到 (k_x,k_y) 域的二维插值。

基于相位补偿的柱面多子阵 MIMO 阵列快速成像算法（可简称为等效波数域算法）流程如图 6.11 所示，具体步骤归纳如下：

（1）利用基于子阵中心补偿的相位校正算法，对 $s(\boldsymbol{r}_T,\boldsymbol{r}_R,k)$ 进行 MIMO-

SISO 变换，得到等效的柱面单站满阵列回波数据 $s(\theta,z',k)$。

（2）对 $s(\theta,z',k)$ 进行关于 (θ,z') 的 2D–FFT，得到 $s(k_\theta,k_z,k)$。

（3）构造参考函数 $\mathcal{F}_\theta[\mathrm{e}^{jk_\rho R_0\cos\theta}]$，对 $s(k_\theta,k_z,k)$ 进行参考函数相乘。

（4）沿 k_θ 维度做 IFFT，得到 $s(\theta,k_z,k)$。

（5）利用色散关系 $k_\rho=\sqrt{4k^2-k_z^2}$，对信号 $s(\theta,k_z,k)$ 的 k 维度进行坐标变换，得 $s(k_\rho,\theta,k_z)$。

（6）遍历 k_z 维度，将数据从 (k_ρ,θ) 域插值至 (k_x,k_y) 域［可与步骤（5）一起实现］。

（7）对 $\sigma(k_x,k_y,k_z)$ 进行 3D–IFFT，获得成像结果。

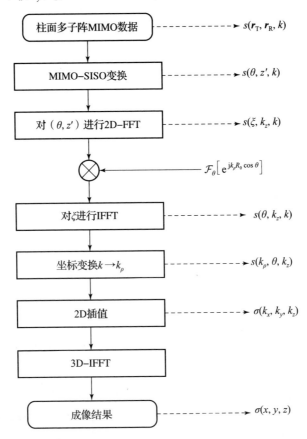

图 6.11 基于相位补偿的柱面多子阵 MIMO 阵列快速成像算法流程图

表 6.3 列出了成像过程的计算复杂度，其中，式（6.43）中的 $s_{\mathrm{ref}}(\boldsymbol{r}_{ci},k)/s_{\mathrm{ref}}(\boldsymbol{r}_{\mathrm{T}i},\boldsymbol{r}_{\mathrm{R}i},k)$ 与式（6.45）中的 $\mathcal{F}_\theta[\mathrm{e}^{-jk_\rho R_0\cos\theta}]$ 可以提前计算并存储，以提高算法的计算速度。

表6.3 柱面多子阵补偿成像过程的计算复杂度

算法步骤	浮点运算次数	说明
MIMO – SISO 变换	$6N_\theta N_z N_f$	N_θ、N_z 和 N_f：等效柱面单站阵列的角度向、高度向阵元个数与采样频点的数量
关于 (θ, z') 的 2D – FFT	$5M_\theta M_z N_f \lg(M_\theta M_z)$	M_θ、M_z 分别表示 θ 与 z 方向的傅里叶变换点数
参考函数相乘	$6M_\theta M_z N_f$	点乘计算量
关于 k_θ 的 IFFT	$5M_\theta M_z N_f \lg M_\theta$	
二维插值	$14 M_x M_y N_f$	M_x 和 M_y：对方位向和距离向进行双线性插值后的频率点数
关于 (k_x, k_y, k_z) 的 3D – IFFT	$5 P_x P_y P_z \lg(P_x P_y P_z)$	P_x、P_y 和 P_z：方位向、距离向和高度向的像素点数

该等效波数域算法的计算量仅比单站情况下的波数域算法高 $6N_\theta N_z N_f$，而 BP 算法的复杂度为 $O(N_\theta N_z P_x P_y P_z)$，显然，基于子阵中心的相位校正及成像算法的计算复杂度远低于 BP 算法。

6.3.4　约束条件分析

上述相位补偿方法是基于目标到收发天线之间距离的泰勒展开得出的，因此，子阵规模与分辨率之间存在约束关系。我们知道，横向（方位向或高度向）分辨率由其对应的空间频率范围决定。以近场人体安检场景为例，沿高度向的成像区域一般大于天线波束宽度所能覆盖的范围，故其分辨率取决于高度向天线单元的波束宽度。然而，对于方位向，波束宽度通常可覆盖人体的横向范围。因此，方位向分辨率将由水平维阵列孔径与成像区域中心点所张的角度确定。

在将散射数据由多站变换为单站之后，柱面多子阵 MIMO 阵列可等效为具有相同孔径大小的单站阵列。因此，其分辨率亦与单站阵列相同，即[4,10]

$$\delta_x = \frac{0.2211\lambda}{\sin\frac{\Theta_h}{2}} \quad (6.46)$$

$$\delta_z = \frac{0.2211\lambda}{\sin\frac{\Theta_z}{2}} \quad (6.47)$$

式中，Θ_h 与 Θ_z 分别表示相应方向天线波束宽度与阵列张角中的较小者。

由式 (6.39) ~ 式 (6.41) 的分析可知，要保证相位补偿精度，$(a+l)^2/R_0^2$ 应远小于 1，设其上限为 τ。由图 6.10（b）注意到，对于子阵而言，在其天线单元波束所覆盖的范围内满足：$R_{AO'}/R_0$ 及 $R_{BO'}/R_0$ 均小于 $\tan\Theta_{h/z}/2$。因此，有 $\Theta_{h/z} \leqslant 2\arctan\sqrt{\tau} \approx 2\sqrt{\tau}$。于是，横向分辨率需要满足

$$\delta_{x/z} \geqslant \frac{0.221\,1\lambda}{\sin\sqrt{\tau}} \tag{6.48}$$

若设 τ 为 0.01，则应选择横向分辨率 $\delta_{x/z}$ 大于 $0.221\,1\lambda/\sin 0.1 \approx 2.215\lambda$。对于子阵边长而言，应有 $L = \sqrt{2}a \leqslant \sqrt{2\tau}R_0 \approx 0.14R_0$。然而，式（6.48）是在最差条件下得到的（收发天线间的距离取最大）。因此，这是一个非常宽松的约束条件。

6.3.5 数值仿真实验

本节分别给出基于 MATLAB 和 gprMax 的仿真结果。假设柱面 MIMO 由 4×4 子阵构成，具体仿真参数见表 6.4。

表 6.4 柱面多子阵 MIMO 成像仿真参数

参数	数值
信号起始频率/GHz	16
信号终止频率/GHz	22
柱面阵半径/m	0.5
步进频率点数	96
子阵数量	16
天线波束宽度/(°)	45.0
高度向天线间隔/mm	10.0
弧度方向天线间隔/mm	8.0
子阵中高度向天线单元数	23
子阵中弧度方向天线单元数	23

首先给出相位补偿方法的残余误差比较。将文献［9］中的相位补偿方法称为总阵中心补偿，本节中的方法称为子阵中心补偿。由于不同收发天线组合

及成像区域不同位置对应的残余误差不同，而相位误差主要影响散射波的相干叠加过程，因此，采用下式表示所有天线组合的平均残余误差

$$\varepsilon_\mathrm{I}(\boldsymbol{r},k) = 1 - \frac{1}{N_\mathrm{TR}}\iint e^{jk_0\varepsilon'_\mathrm{R}(\boldsymbol{r},\boldsymbol{r}_\mathrm{T},\boldsymbol{r}_\mathrm{R})}\mathrm{d}\boldsymbol{r}_\mathrm{T}\mathrm{d}\boldsymbol{r}_\mathrm{R} \tag{6.49}$$

式中，ε'_R 表示校正之后的距离误差；N_TR 表示收发通道总数。显然，ε_I 的范围落在 (0,1) 之间，相当于归一化的平均残余误差。

图 6.12 (a) 与图 6.12 (b) 分别表示了总阵中心补偿与子阵中心补偿的平均残余误差的空间分布情况。可见，对于前者，其参考点附近 (成像区域中心) 的残余误差要小于后者；对于子阵中心补偿方法而言，由于每个子阵都有独立的参考点，从而导致每个像素的聚焦都会受到不同子阵参考点的影响。因此，子阵中心补偿后，误差在整个成像区域内的平均性能会优于总阵中心补偿，但达不到后者在参考点附近的水平。

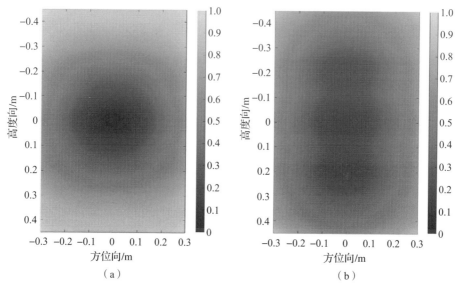

图 6.12　总阵中心补偿与子阵中心补偿平均残余误差（书后附彩插）
(a) 总阵中心补偿；(b) 子阵中心补偿

为了进一步验证相位补偿方法的有效性，下面给出成像结果对比。在成像区域中设置多个点目标，如图 6.13 所示。图 6.14 给出了 BP 算法、总阵中心补偿及子阵中心补偿三种方法的成像结果（后两种在补偿之后，均采用单站波数域算法进行成像）。由对比可见，总阵中心补偿方法的边缘目标图像质量出现明显降低，而子阵补偿方法可以在整个目标区域内保持较一致的成像效果。

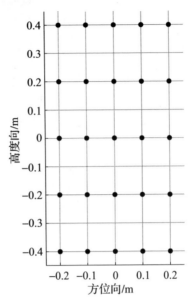

图 6.13 点目标示意图

为了更直观及定量地对比三种方法的差异,图 6.15 给出了高度向成像结果,从中可见,总阵中心补偿方法在边缘目标处出现了明显的散焦及幅度降低。图 6.16 给出了不同位置目标的高度向分辨率与峰值旁瓣比的变化曲线。显然,子阵中心补偿方法与 BP 算法在整个成像区域内都具有相近的图像质量,而总阵中心补偿方法在远离成像区域中心处,图像质量会快速变差。

在计算时间方面,子阵中心补偿方法的计算时间仅约为 3.74 s,而 BP 算法则需要几个小时。

最后,利用 gprMax 给出全波仿真数据验证。目标模型如图 6.17 所示,为三块正方形金属薄板,其中,正方形边长为 20 cm,每个圆孔的半径为 3.33 cm。不同算法的三维成像结果及方位向 – 高度向切面如图 6.18 所示。可以看出,在整个区域内,BP 算法与子阵中心补偿方法均可以较好地重构金属薄板的位置与形状,而总阵中心补偿方法仅对于中间金属板有良好的重构效果,与点目标仿真的规律保持一致。

表 6.5 给出了两种补偿方法的定量对比,包括均方根误差(RMSE)(BP 算法结果作为基准)及图像熵。由结果可见,子阵中心补偿方法的结果具有更低的 RMSE 及图像熵,进一步说明了其在大场景成像中的优势。

第 6 章　柱面 MIMO 阵列成像

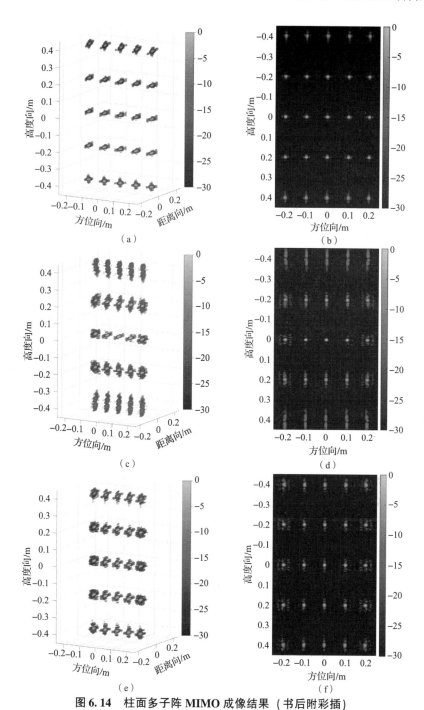

图 6.14　柱面多子阵 MIMO 成像结果（书后附彩插）

(a) BP 算法三维成像结果；(b) BP 算法方位向 – 高度向切面；(c) 总阵中心补偿三维成像结果；
(d) 总阵中心补偿方位向 – 高度向切面；(e) 子阵中心补偿三维成像结果；
(f) 子阵中心补偿方位向 – 高度向切面

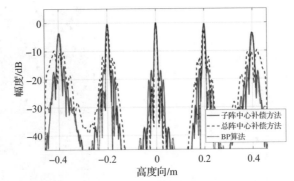

图 6.15 不同方法高度向成像结果对比

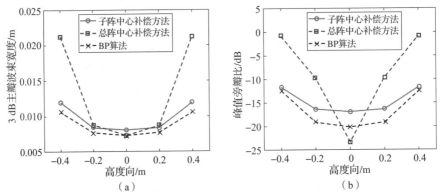

图 6.16 不同位置目标的高度向分辨率与峰值旁瓣比的变化曲线
（a）分辨率对比；（b）峰值旁瓣比对比

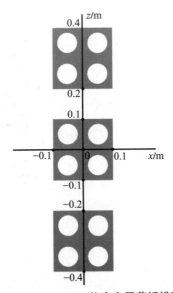

图 6.17 gprMax 仿真金属薄板模型

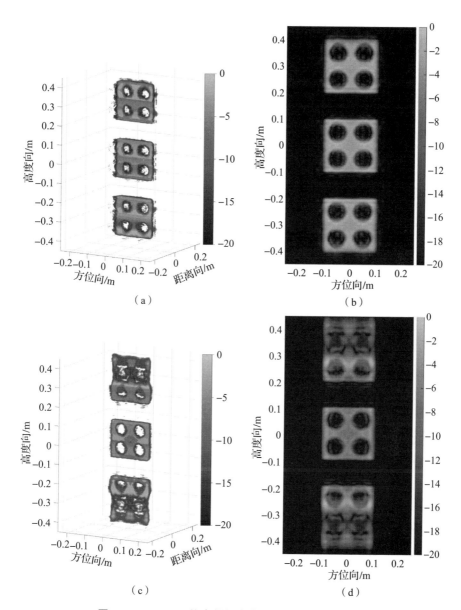

图 6.18 gprMax 仿真数据成像结果（书后附彩插）

（a）BP 算法三维成像结果；（b）BP 算法方位向 – 高度向切面；
（c）总阵中心补偿三维成像结果；（d）总阵中心补偿方位向 – 高度向切面

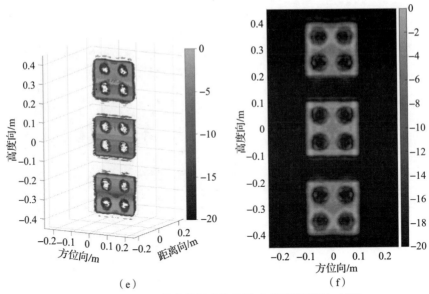

(e)　　　　　　　　　　　　　　　(f)

图 6.18　gprMax 仿真数据成像结果（书后附彩插）（续）

（e）子阵中心补偿三维成像结果；（f）子阵中心补偿方位向-高度向切面

表 6.5　总阵中心补偿与子阵中心补偿成像方法的定量对比

方法	RMSE	图像熵
总阵中心补偿	24.5	0.406
子阵中心补偿	5.52	0.360

6.4　本章小结

针对大角度观测快速成像的需求，本章研究了两种柱面 MIMO 阵列体制及相应的成像算法。给出了一种兼具满采样与欠采样的柱面 MIMO 成像体制，并利用球面波展开及角度向频域的解卷积，给出了相应的波数域算法。然而，大孔径柱面 MIMO 阵列的加工与维护成本较高，并且柱面 MIMO 波数域算法中的高维频域处理仍很耗时，为简化系统设计并实现快速成像，本章进一步设计了一种柱面多子阵 MIMO 体制，实现了模块化的子阵设计，并且减少了数据冗余。在成像算法方面，首先，基于等效相位中心原理，将 MIMO 数据转换为单站采样数据；其次，为了补偿转换误差，提出一种多参考点相位校正方法。经过相位补偿之后，即可采用柱面单站波数域算法进行成像，从而极大地提高了成像效率。

本章研究的两种柱面 MIMO 成像体制及算法各有侧重：前者可保证大范围区域的成像质量，然而高维频域处理导致其较为耗时；后者成像效率更高，但由于采用了等效相位中心近似，图像质量略有恶化。

参 考 文 献

［1］ Sheen D, McMakin D, Hall T, et al. Real – time wideband cylindrical holographic surveillance system［P］. U. S. Patent 5859609, 1999.

［2］ Li S, Wang S, Amin M G, et al. Efficient near – field imaging using cylindrical MIMO arrays［J］. IEEE Transactions on Aerospace and Electronic Systems, 2021, 57 (6): 3648 – 3660.

［3］ Li S, Wang S, An Q, et al. Cylindrical MIMO array – based near – field microwave imaging［J］. IEEE Transactions on Antennas and Propagation, 2020, 69 (1): 612 – 617.

［4］ Sheen D, McMakin D, Hall T. Near – field three – dimensional radar imaging techniques and applications［J］. Applied Optics, 2010, 49 (19): E83 – E93.

［5］ Soumekh M. Synthetic aperture radar signal processing with MATLAB algorithm［M］. John Wiley & Sons, Inc. , 1999.

［6］ Soumekh M. Reconnaissance with slant plane circular SAR imaging［J］. IEEE Transactions on Image Processing, 1996, 5 (8): 1252 – 1265.

［7］ Zhuge X, Yarovoy A G. Three – dimensional near – field MIMO array imaging using range migration techniques［J］. IEEE Transactions on Image Processing, 2012, 21 (6): 3026 – 3033.

［8］ Warren C, Giannopoulos A, Giannakis I. gprMax: Open source software to simulate electromagnetic wave propagation for Ground Penetrating Radar［J］. Computer Physics Communications, 2016 (209): 163 – 170.

［9］ Moulder W F, Krieger J D, Majewski J J, et al. Development of a high – throughput microwave imaging system for concealed weapons detection［C］. 2016 IEEE International Symposium on Phased Array Systems and Technology (PAST). IEEE, 2016: 1 – 6.

［10］ Sheen D M, McMakin D L, Hall T E. Three – dimensional millimeter – wave imaging for concealed weapon detection［J］. IEEE Transactions on Microwave Theory and Techniques, 2001, 49 (9): 1581 – 1592.

第 7 章
稀疏 MIMO 阵列设计

7.1 引言

在前述章节中,讨论了若干阵元呈均匀分布的 MIMO 成像体制。由于均匀分布阵列的数据处理方式相对简单,可以充分利用快速傅里叶变换,并且易于设计与加工,因而获得了广泛应用。然而,均匀阵列设计存在两个主要缺点:第一,阵列的制造成本相对较高;第二,相邻阵元间的耦合效应较为明显[1]。随着成像分辨率的提高,阵元间距变得更小,从而会出现严重的互耦效应,进而影响成像质量。

与均匀阵列相比,稀疏阵列由于阵元数量减少,单元间距变大,从而可降低系统成本、减小阵元耦合效应。稀疏阵列已在远场波束合成中取得广泛应用[2-5],在近场成像中也具有较大的潜力。但需要说明的是,近场成像与远场波束合成对稀疏阵列设计的要求具有明显不同。首先,前者要求对成像区域内所有位置目标均可实现高质量聚焦成像,而后者一般要求阵列仅合成一束或多束特定的波束。其次,近场成像电磁波传播模型为球面波,而远场波束为平面波。最后,近场成像多采用宽带信号实现距离维聚焦,而远场波束合成大多采用窄带信号。因此,无法将用于远场波束合成的稀疏阵列优化方法直接应用于近场成像场景中。

在近场成像中,稀疏阵列优化方法主要基于等效孔径的概念,对旁瓣电平、栅瓣、阵元遮挡等进行优化。目前主要可分为结构固定的稀疏阵列设计及基于智能优化算法的阵列设计。前者主要包括基于可分离孔径函数的 MIMO 阵列设计[6,7]、二维曲线阵列[8]以及螺旋 MIMO 阵列设计[9]等;后者主要基于模拟退火(Simulated Annealing, SA)算法[10]、粒子群优化(Particle Swarm Optimization, PSO)算法[11]等进行阵列设计。

本章主要研究一种基于凸优化的稀疏 MIMO 阵列综合(MIMO – SAS)方

法，其特点是具有较强的通用性。阵列综合方法需要解决以下两个主要问题：①模型问题：如何构造近场成像中的优化问题；②PSF 问题：如何保证所综合阵列在成像区域的任意位置均有良好的聚焦效果。为此，本章从散射的正问题（目标对电磁波的散射过程）与逆问题（成像过程）出发，建立了 MIMO – SAS 凸优化模型，解决了"模型问题"；优化模型的求解需要设置优化目标，本章给出了一种参考成像模式（作为优化目标）的设计方法，将参考成像模式设置为填充感兴趣区域的连续散射体目标的成像结果，理论上证明可解决"PSF 问题"。

本章剩余各节内容安排如下：7.2 节针对近场成像应用设计了基于凸优化的 MIMO – SAS 模型；7.3 节给出了一种稀疏 MIMO 阵列参考成像模式设置方法，可以满足对任意成像位置的聚焦要求；7.4 节给出了一种改进的迭代阵元合并方法，引入最小阵元间距约束条件，可以综合出满足实际生产加工要求的稀疏阵列；7.5 节为数值仿真与实测数据实验；7.6 节为本章内容总结。

7.2 稀疏 MIMO 阵列综合模型构造

本节主要构造适用于宽带近场成像的稀疏阵列综合模型，本节从散射的正问题（目标对电磁波的散射过程）与逆问题（成像过程）出发，构造适用于宽带近场成像的稀疏阵列综合凸优化模型。

对于 MIMO 阵列综合，可将发射阵列与接收阵列依次进行稀疏优化设计。这里，假定首先固定发射阵列，对接收阵列进行优化设计，如图 7.1 所示，其中，满采样接收阵元的个数为 N。对于具有 Q 个散射点的目标而言，其解调后的基带信号可以表示为

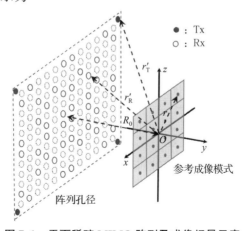

图 7.1 平面稀疏 MIMO 阵列及成像场景示意

$$s(k,r_T,r_R) = \sum_{q=1}^{Q} \sigma_q \frac{e^{-jk(|r_T-r_q|+|r_R-r_q|)}}{16\pi^2 |r_T - r_q| \cdot |r_R - r_q|} \tag{7.1}$$

式中，$k = 2\pi f/c$，表示波数，f 为工作频率，c 为光速；r_T 和 r_R 分别为发射阵元与接收阵元的位置矢量；σ_q、r_q 分别表示第 q 个点目标的散射系数及位置。

式 (7.1) 可表示为向量形式

$$s_k = A_{R_k} A_{T_k} \sigma \tag{7.2}$$

式中

$$s_k = [s(k,r_T,r_{R_1}), s(k,r_T,r_{R_2}), \cdots, s(k,r_T,r_{R_N})]^T \tag{7.3}$$

$$A_{R_k} = \begin{bmatrix} \dfrac{e^{-jk|r_{R_1}-r_1|}}{4\pi|r_{R_1}-r_1|} & \cdots & \dfrac{e^{-jk|r_{R_1}-r_Q|}}{4\pi|r_{R_1}-r_Q|} \\ \vdots & \ddots & \vdots \\ \dfrac{e^{-jk|r_{R_N}-r_1|}}{4\pi|r_{R_N}-r_1|} & \cdots & \dfrac{e^{-jk|r_{R_N}-r_Q|}}{4\pi|r_{R_N}-r_Q|} \end{bmatrix}_{N \times Q} \tag{7.4}$$

$$A_{T_k} = \begin{bmatrix} \dfrac{e^{-jk|r_T-r_1|}}{4\pi|r_T-r_1|} & & & \\ & \dfrac{e^{-jk|r_T-r_2|}}{4\pi|r_T-r_2|} & & \\ & & \ddots & \\ & & & \dfrac{e^{-jk|r_T-r_Q|}}{4\pi|r_T-r_Q|} \end{bmatrix}_{Q \times Q} \tag{7.5}$$

$$\sigma = [\sigma_1, \sigma_2, \cdots, \sigma_Q]^T \tag{7.6}$$

引入采样矩阵 Ψ 对接收阵列采样，可以表示为

$$s'_k = \Psi s_k \tag{7.7}$$

式中

$$\Psi = \begin{bmatrix} w_1 & & & \\ & w_2 & & \\ & & \ddots & \\ & & & w_N \end{bmatrix}_{N \times N} \tag{7.8}$$

可见，Ψ 为对角阵，假定其大部分元素为零。

根据相干积累方法[12]，可获得中间成像结果为

$$\sigma_{T_k} = \Phi_{T_k} \Phi_{R_k} s'_k \tag{7.9}$$

该结果为 k 与 r_T 的函数，并且有

$$\boldsymbol{\Phi}_{T_k} = 4\pi \begin{bmatrix} |\boldsymbol{r}_1 - \boldsymbol{r}_T| e^{jk|r_1 - r_T|} & & \\ & \ddots & \\ & & |\boldsymbol{r}_M - \boldsymbol{r}_T| e^{jk|r_M - r_T|} \end{bmatrix}_{M \times M} \quad (7.10)$$

$$\boldsymbol{\Phi}_{R_k} = 4\pi \begin{bmatrix} |\boldsymbol{r}_1 - \boldsymbol{r}_{R_1}| e^{jk|r_1 - r_{R_1}|} & \cdots & |\boldsymbol{r}_1 - \boldsymbol{r}_{R_N}| e^{jk|r_1 - r_{R_N}|} \\ \vdots & \ddots & \vdots \\ |\boldsymbol{r}_M - \boldsymbol{r}_{R_1}| e^{jk|r_M - r_{R_1}|} & \cdots & |\boldsymbol{r}_M - \boldsymbol{r}_{R_N}| e^{jk|r_M - r_{R_N}|} \end{bmatrix}_{M \times N} \quad (7.11)$$

式中，变量 M 表示成像区域的像素数；r_m 表示第 m 个像素的位置坐标（$m = 1,2,\cdots,M$）。成像区域内参考目标的设置原则见 7.3 节。

由于 $\boldsymbol{\Psi}$ 为对角矩阵，s_k 为向量，因此，式 (7.9) 可以表示为

$$\boldsymbol{\sigma}_{T_k} = \boldsymbol{\Phi}_{T_k} \boldsymbol{\Phi}_{R_k} \boldsymbol{S}_k \boldsymbol{w} \quad (7.12)$$

式中

$$\boldsymbol{S}_k = \begin{bmatrix} s(k, \boldsymbol{r}_T, \boldsymbol{r}_{R_1}) & & & \\ & s(k, \boldsymbol{r}_T, \boldsymbol{r}_{R_2}) & & \\ & & \ddots & \\ & & & s(k, \boldsymbol{r}_T, \boldsymbol{r}_{R_N}) \end{bmatrix} \quad (7.13)$$

$$\boldsymbol{w} = [w_1, w_2, \cdots, w_N]^T \quad (7.14)$$

为获得最终成像结果，应累积关于所有波数和发射位置的中间成像结果，即

$$\boldsymbol{\sigma} = \boldsymbol{B}\boldsymbol{w} \quad (7.15)$$

式中

$$\boldsymbol{B} = \sum_k \sum_{r_T} \boldsymbol{\Phi}_{T_k} \boldsymbol{\Phi}_{R_k} \boldsymbol{S}_k \quad (7.16)$$

因此，针对宽带近场成像场景的 MIMO 阵列优化问题，可以表示为

$$\boldsymbol{w} = \arg(\min_{\boldsymbol{w}} \|\boldsymbol{w}\|_0) \quad \text{s.t.} \ \|\boldsymbol{\sigma}_{\text{ref}} - \boldsymbol{B}\boldsymbol{w}\|_2^2 \leq \varepsilon \quad (7.17)$$

式中，$\boldsymbol{w}$ 表示向量化的密集阵列中各个阵元的位置权重，零值与非零值分别表示该位置无阵元与有阵元；$\boldsymbol{\sigma}_{\text{ref}} = [\sigma_{\text{ref1}}, \sigma_{\text{ref2}}, \cdots, \sigma_{\text{refM}}]^T$ 为期望达到的目标成像结果（简称"参考成像模式"）。

然而，式 (7.17) 属于 NP – Hard 问题，无法通过确定性方法进行求解[13]。在实际中，一般将其放松为 l_1 范数最小化问题[13,14]，即

$$\boldsymbol{w} = \arg(\min_{\boldsymbol{w}} \|\boldsymbol{w}\|_1) \quad \text{s.t.} \ \|\boldsymbol{\sigma}_{\text{ref}} - \boldsymbol{B}\boldsymbol{w}\|_2^2 \leq \varepsilon \quad (7.18)$$

为了增强阵列稀疏性并保持求解的收敛性，还可采用加权 l_1 范数解码算法增加阵元权重间的差异[15,16]，即

$$w^{(i+1)} = \arg(\min_{w} \| C^{(i)} w^{(i)} \|_1)$$
$$\text{s. t. } \| \sigma_{\text{ref}} - Bw^{(i)} \|_2^2 \leq \varepsilon \quad (7.19)$$
$$i = 1, 2, \cdots, I_{\text{iter}}$$

式中，I_{iter} 表示迭代次数；$w^{(i)}$ 表示第 i 次迭代时的阵元权重向量；加权系数矩阵 $C^{(i)}$ 是对角阵，并且 $C^{(1)} = I$ 为单位矩阵。对于任意的 $i > 1$，$C^{(i)}$ 设置为

$$C^{(i)} = \begin{bmatrix} \dfrac{1}{w_1^{(i-1)} + \mu} & & & \\ & \dfrac{1}{w_2^{(i-1)} + \mu} & & \\ & & \ddots & \\ & & & \dfrac{1}{w_N^{(i-1)} + \mu} \end{bmatrix}_{N \times N} \quad (7.20)$$

式中，μ 是大于 0 的固定常量，迭代过程中用于抑制 $w^{(i)}$ 中较小的模值，防止奇异点的出现。

求解式 (7.19) 时，容差 ε 的选取会显著影响优化结果。如果 ε 设置过小，则会获得稠密的综合阵列，甚至导致优化问题无解。如果 ε 设置得过大，则稀疏阵列无法得到良好的聚焦成像效果。因此，可将其设置为

$$\varepsilon = C_\varepsilon \| \sigma_{\text{ref}} \|_1 \quad (7.21)$$

式中，C_ε 为常数，可设置取值范围在 0.001~0.02 之间。

这里，利用 CVX 工具箱[17]对式 (7.19) 进行求解，以获得稀疏分布的接收阵元位置及相应的权值。实际中，如果发射阵列与接收阵列均需稀疏化设计，则可以按先后顺序分别进行优化。

表 7.1 列出了基于凸优化的 MIMO–SAS 方法的计算复杂度，主要包括构造优化变量与求解凸优化部分。该方法的计算量与阵列规模近似呈线性关系，在综合大规模阵列时，相较贪婪算法具有一定优势。

表 7.1 基于凸优化的 MIMO–SAS 方法的计算复杂度

步骤	浮点运算次数	备注
式 (7.2)	$2N_T N_f (2N_R Q - N_R + 3Q)$	N_T、N_R、Q 和 N_f：发射天线个数、（满采样）接收天线个数、散射点数及频点数

续表

步骤	浮点运算次数	备注
式（7.12）	$2MN_TN_f(3N_{ref}+2)$	N_{ref}、M：参考阵列接收天线个数、成像区域采样点数
式（7.15）	$2(N_T-1)(N_f-1)$	
式（7.16）	$6MN_R(M+N_R)+2N_fN_TN_RM$	
凸优化求解 式（7.19）	$10^3MI_{iter}\lg M$	I_{iter}：迭代次数。此步骤的计算量为估计值

7.3 稀疏 MIMO 阵列参考成像模式设置

利用上述凸优化方法综合稀疏阵列时，需要设置优化目标。例如，在针对波束合成的稀疏阵列综合中，使用固定的参考方向图作为优化目标[18]。与波束合成不同，用于近场成像的稀疏阵列须保证对成像区域内所有位置都有良好的聚焦特性。本节给出一种覆盖整个成像区域的参考目标。考虑固定发射阵元、优化接收阵元的情况，该参考成像模式的设置方法如下：

（1）确定 MIMO 参考阵列的拓扑结构（简称为"参考阵列"）。通过加权或切趾法[19,20]设置"参考阵列"的权重可以降低副瓣水平。当参考阵列的阵元间距满足 Nyquist 采样准则时，将"参考阵列"记为"满阵列"。

（2）在感兴趣的成像区域内，按照分辨率间距，设置 Q 个连续散射点作为参考目标。根据式（7.1），生成参考回波信号 s_{ref}。为满足成像对 PSF 的要求，这里将满采样阵列对上述 Q 个点目标的成像结果设置为参考成像模式。如此设置，满足以下引理：

引理 1：对于上述 Q 个散射点的任意子集构成的目标，参考阵列（满采样阵列）的成像结果 $\boldsymbol{\sigma}'_{ref}$ 与优化后稀疏阵列的成像结果 $\boldsymbol{\sigma}'_{sparse}$ 之间满足关系：$\|\boldsymbol{\sigma}'_{ref}-\boldsymbol{\sigma}'_{sparse}\|_2^2\leq\varepsilon$。

证明：请见附录。

（3）确定成像区域中 M 个采样位置的坐标：$r_1,r_2,\cdots,r_M$。为简单起见，假设成像区域为距阵列平面 R_0 的矩形，其方位向和高度向尺寸分别为 D_x 与 D_z。若成像区域沿距离向分布，则只需改变 R_0 的值。若方位向与高度向分辨

率分别为 δ_x、δ_z，则两个维度的像素数至少为

$$\begin{cases} M_x \geqslant \left\lfloor \dfrac{D_x}{\delta_x} \right\rfloor + 1 \\ M_z \geqslant \left\lfloor \dfrac{D_z}{\delta_z} \right\rfloor + 1 \end{cases} \tag{7.22}$$

式中，$\lfloor \cdot \rfloor$ 为向下取整符号，则总采样点数为 $M = M_x M_z$。

7.4 最小阵元间距约束

针对参考阵列网格划分可能较为密集的情况，需要对间距过小的阵元采取进一步处理措施。例如，通过引入阵元合并来满足最小阵元间距约束[18,21]。本节在文献[18]的工作基础上，给出一种改进的迭代单元加权合并方法，对优化阵列的最小阵元间距进行约束，并利用凸优化方法计算合并单元的权重，避免成像效果恶化。具体步骤概括如下：

（1）以升序排列最小阵元间距约束所需的半径 $\mathbb{R} = [R_1, R_2, \cdots, R_L]$。

（2）选取 $\mathbb{R}$ 中最小的元素 R_j，此时稀疏阵列中阵元个数为 S_j。每次迭代开始时，设置计数变量 $p = 1$，与相邻阵元合并次数 $p_m = 0$。

（3）在稀疏阵列中随机取一个阵元，其位置矢量计为 $\boldsymbol{r}_p$，权值计为 w_p。找到距离该阵元最近的单元，其位置矢量记为 $\boldsymbol{r}_c$，权值计为 w_c。若 $\|\boldsymbol{r}_c - \boldsymbol{r}_p\| \leqslant R_j$，则更新 $\boldsymbol{r}_p = (|w_c|\boldsymbol{r}_c + |w_p|\boldsymbol{r}_p)/(|w_c| + |w_p|)$，$|\boldsymbol{r}_c| = \infty$，$p_m = p_m + 1$ 和 $p = p + 1$，然后重复步骤（3）。若 $\|\boldsymbol{r}_c - \boldsymbol{r}_p\| > R_j$，则令 $p = p + 1$。若 $p = S_j$，则转到步骤（4），否则，重复步骤（3）。

（4）若 $p_m = 0$，则完成所有阵元遍历，且无须合并阵元，转到步骤（5）。若 $p_m > 0$，则删除所有 $|\boldsymbol{r}_c| = \infty$ 的阵元。然后将 S_j 设置为合并后稀疏阵列的阵元数。设置 $p = 1$，$p_m = 0$，并转到步骤（3），直至无新的合并出现。

（5）求解下列稀疏阵列权重优化问题

$$\boldsymbol{w}_j = \arg\min_{\boldsymbol{w}_j} \|\boldsymbol{\sigma}_{\text{ref}} - \boldsymbol{B}_j \boldsymbol{w}_j\|_2^2 \tag{7.23}$$

式中，$\boldsymbol{B}_j$ 表示第 j 次合并阵列的变换矩阵；$\boldsymbol{w}_j$ 表示阵列权重。

（6）重复步骤（2）~（5），当阵元个数不再变化时（假定重复了 T 次），取最小优化值对应的 $\boldsymbol{w}_j$。设置 $\mathbb{R} = \mathbb{R} \setminus R_j$（表示从前者集合中去除 R_j）并转到步骤（2）。当 $\mathbb{R} = \varnothing$ 时，迭代结束。

上述迭代单元加权合并方法的流程如图 7.2 所示。

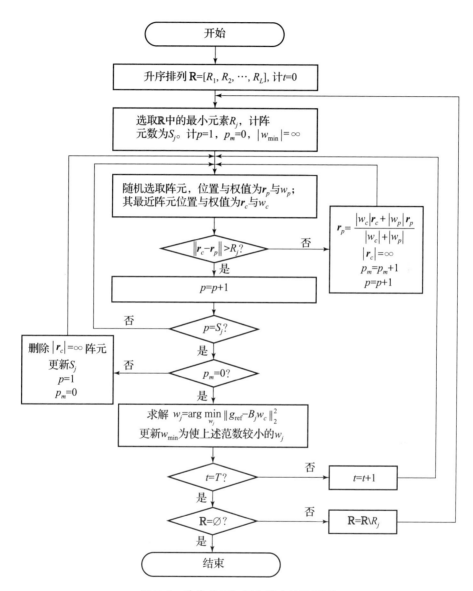

图 7.2 迭代单元加权合并方法流程图

综合上述内容可知，基于凸优化的稀疏 MIMO 阵列综合方法可表示为如图 7.3 所示的流程。

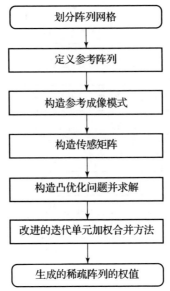

图 7.3 基于凸优化的 MIMO – SAS 方法流程

7.5 实验验证

7.5.1 数值仿真实验

本节给出稀疏 MIMO 阵列综合方法优化得到的阵列（简称生成的稀疏阵列）、满采样阵列和等间距稀疏阵列的成像结果对比。

首先考虑一维稀疏 MIMO 阵列情况，其中两个发射天线固定在阵列两侧，对接收阵元位置和相应的权值进行优化，仿真参数见表 7.2。

表 7.2 一维稀疏 MIMO 阵列仿真参数

参数	数值
信号起始频率/GHz	30
信号终止频率/GHz	35
成像距离/m	0.5
步进频率点数	101
发射天线个数	2

续表

参数	数值
发射阵元间距/cm	52.0
满阵列接收天线个数	26
满阵列接收阵元间距/cm	2.0
生成的/等间距稀疏阵列接收天线个数	17
等间距稀疏阵列接收阵元间距/cm	3.13
C_ε	0.009
迭代次数	10

图 7.4 给出了本章凸优化方法生成的稀疏 MIMO 阵列、原始 MIMO 满阵列和具有相同阵元数的等间距稀疏 MIMO 阵列的拓扑结构。

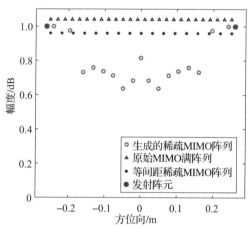

图 7.4　生成的稀疏 MIMO 阵列、原始 MIMO 满阵列和
等间距稀疏 MIMO 阵列的拓扑结构

中心位置和边缘位置散射点对应上述三种阵列的成像结果如图 7.5 所示。对于中心位置目标而言，三种 MIMO 阵列均可获得良好的成像效果；对于边缘位置目标，生成的稀疏 MIMO 阵列的栅瓣较低，仅为 -17 dB；对于等间距稀疏 MIMO 阵列，栅瓣约为 -10 dB。

下面给出针对二维稀疏 MIMO 阵列的仿真结果，仿真参数见表 7.3。采用不同方法获得的阵列拓扑结构如图 7.6 所示。其中，除本章方法生成的阵列外，还包括曲线阵列[8]、螺旋阵列[9]及等间距稀疏阵列。

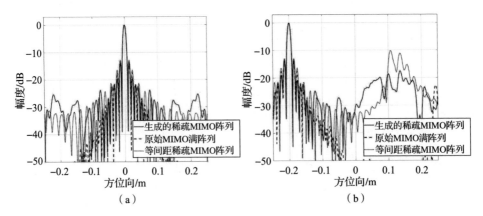

图 7.5　不同 MIMO 阵列的一维成像结果

(a) 中心位置目标成像结果；(b) 边缘位置目标成像结果

表 7.3　二维稀疏 MIMO 阵列仿真参数

参数	数值
信号起始频率/GHz	30
信号终止频率/GHz	35
成像距离/m	2.0
步进频率点数	101
发射天线个数	4
发射阵元间距/cm	60
生成的稀疏阵列接收阵元个数	120
曲线阵列接收阵元个数	120
螺旋阵列接收阵元个数	120
等间距稀疏阵列接收天线个数	121
等间距稀疏阵列接收阵元间距/cm	5.7
C_E	0.018 4
迭代次数	15

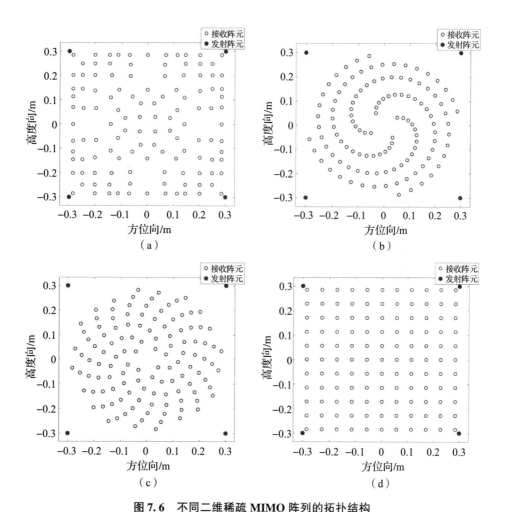

图7.6 不同二维稀疏 MIMO 阵列的拓扑结构
(a) 生成的稀疏阵列；(b) 曲线阵列；(c) 螺旋阵列；(d) 等间距稀疏阵列

中心位置和边缘位置散射点对应上述四种阵列的方位向-高度向成像结果如图7.7所示。其方位向最大值投影结果如图7.8所示。由于四种阵列具有相同的孔径，故分辨率基本相同。曲线阵列与螺旋阵列的聚焦效果相似，无论是在中心目标还是边缘目标场景下，主瓣附近均出现了较强的副瓣（约 -10 dB）。对于本章方法生成的稀疏阵列及等间距稀疏阵列，二者具有类似的最大副瓣电平（约 -14 dB），但前者的栅瓣（约 -16 dB）要明显低于后者（约 -10 dB）。

上述结果表明了基于凸优化的 MIMO – SAS 方法的有效性。此外，曲线阵列与螺旋阵列的形状近似固定，难以满足任意口面与形状设计的要求，而本章讨论的方法可适用于多种形状 MIMO 阵列的综合设计，更具通用性。

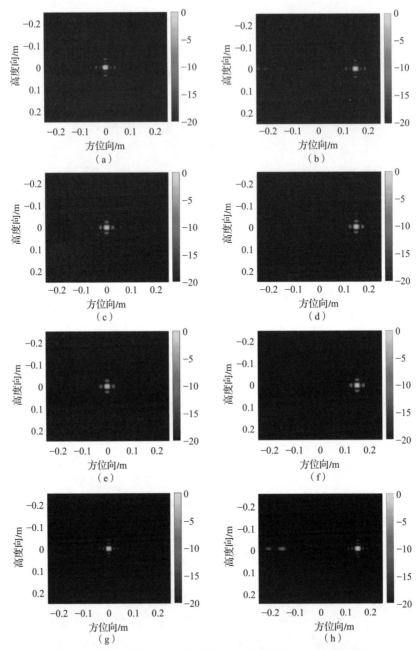

图 7.7 不同稀疏 MIMO 阵列的二维成像结果（书后附彩插）

(a) 生成稀疏阵列中心目标成像结果；(b) 生成稀疏阵列边缘目标成像结果；
(c) 曲线阵列中心目标成像结果；(d) 曲线阵列边缘目标成像结果；
(e) 螺旋阵列中心目标成像结果；(f) 螺旋阵列边缘目标成像结果；
(g) 等间距稀疏阵列中心目标结果；(h) 等间距稀疏阵列边缘目标结果

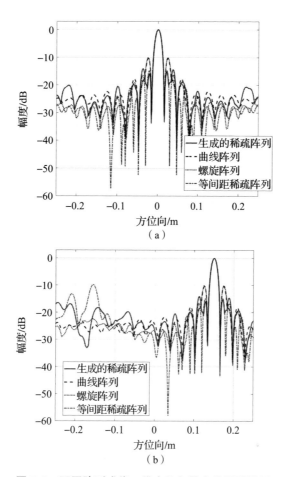

图7.8 不同阵列成像一维方位向最大值投影结果
(a) 中心目标成像结果；(b) 边缘目标成像结果

7.5.2 实测数据实验

最后，给出实测数据验证。实验平台的构成如图7.9所示，主要包括：①带有两个独立扫描平台的平面扫描架，通过机械扫描可以实现MIMO阵列拓扑结构；②矢量网络分析仪（VNA），用于产生和接收中频信号；③射频收发模块，用于发射及接收W波段电磁波，如图7.10所示。受限于机械扫描，构建一种简单的T字形阵列，实验场景如图7.11所示，所用参数见表7.4。

本实验中，分别对发射阵列与接收阵列进行依次优化设计。图7.12表示了四种阵列拓扑结构，分别为满采样阵列、凸优化方法生成的稀疏阵列、等间距稀疏阵列及随机稀疏阵列。

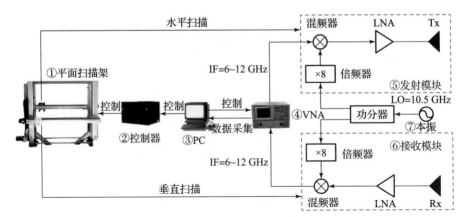

图 7.9　实验平台的构成

图 7.10　射频收发模块

（a）发射模块；（b）接收模块

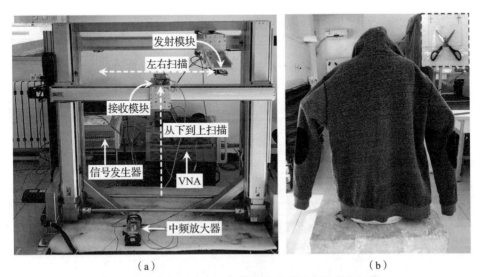

图 7.11　T 字形 MIMO 扫描成像实验平台及成像场景

（a）实验平台；（b）被测目标

表 7.4　T 字形 MIMO – SAS 实验参数

参数	数值
信号起始频率/GHz	90
信号终止频率/GHz	96
成像距离/m	1.2
步进频率点数	88
满阵列发射天线个数	101
满阵列接收天线个数	101
满阵列收发阵元间距/mm	5
生成的/等间距/随机稀疏阵列发射天线个数	34
生成的/等间距/随机稀疏阵列接收天线个数	34
等间距稀疏阵列收发阵元间距/mm	15.0
C_ε	0.002 5
迭代次数	10

图 7.13 与图 7.14 所示分别表示了上述几种 T 字形 MIMO 阵列的 BP 算法三维成像结果及沿距离维的最大值投影结果。对于等间距稀疏 MIMO 阵列而言，由于栅瓣影响，在成像结果中出现了虚假目标，导致无法对实际剪刀进行精确定位。随机稀疏 MIMO 阵列成像结果中，出现了严重的杂波干扰。与上述两种阵列相比，基于凸优化生成的稀疏阵列能够有效抑制杂波和栅瓣，可获得与满阵列接近的成像效果。

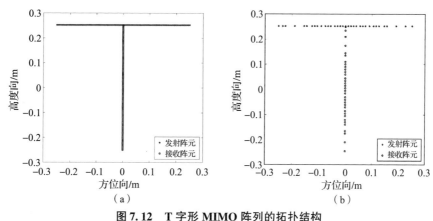

图 7.12　T 字形 MIMO 阵列的拓扑结构

（a）满阵列；（b）生成的稀疏阵列

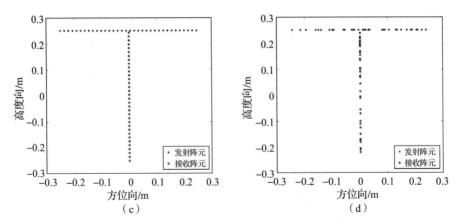

图 7.12 T 字形 MIMO 阵列的拓扑结构（续）

(c) 等间距稀疏阵列；(d) 随机稀疏阵列

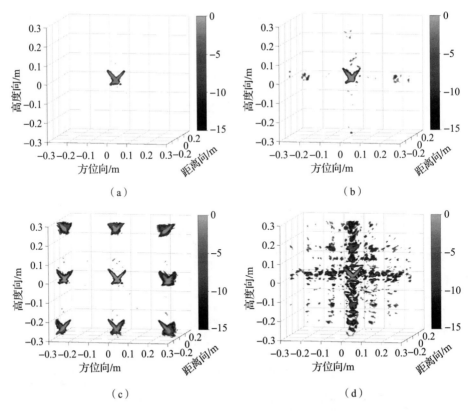

图 7.13 不同 T 字形 MIMO 阵列的 BP 算法三维成像结果（书后附彩插）

(a) 满阵列；(b) 生成的稀疏阵列；(c) 等间距稀疏阵列；(d) 随机稀疏阵列

第 7 章 稀疏 MIMO 阵列设计

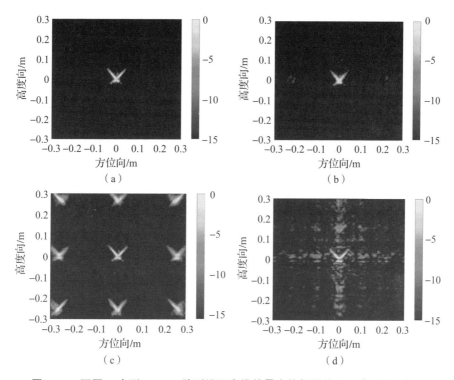

图 7.14 不同 T 字形 MIMO 阵列沿距离维的最大值投影结果（书后附彩插）
(a) 满阵列；(b) 生成的稀疏阵列；
(c) 等间距稀疏阵列；(d) 随机稀疏阵列

最后，以满阵列的成像结果为参考，给出上述三种稀疏 MIMO 阵列成像结果定量比较，见表 7.5。采用的指标包括均方根误差（RMSE）、结构相似性（SSIM）及图像熵。由结果可见，生成稀疏阵列的 RMSE 与图像熵最低，而 SSIM 最高，表明基于凸优化生成的稀疏阵列的成像效果与满采样阵列更接近。

表 7.5 不同 T 字形 MIMO 阵列成像结果定量比较

阵列结构	RMSE	SSIM	图像熵
生成的稀疏阵列	4.48	0.979	0.159
等间距稀疏阵列	27.6	0.930	0.360
随机稀疏阵列	26.8	0.660	0.771

7.6 本章小结

本章针对近场毫米波成像，探讨了一种基于凸优化的稀疏 MIMO 阵列综合方法。首先，建立了基于 l_1 范数的稀疏阵列优化模型。其次，给出了一种参考成像模式的构造方法，以确保整个区域的成像质量。在计算效率方面，该方法的计算量与阵列规模近似呈线性关系，适于对大孔径稀疏阵列的综合。最后，该方法对阵列拓扑结构没有限制，可适用于对任意形状的 MIMO 阵列进行优化。

附录　引理 1 的证明

将式（7.2）重写为 Q 个散射点产生回波的叠加

$$s_k = a_{k,1}\sigma_1 + a_{k,2}\sigma_2 + \cdots + a_{k,q}\sigma_q + \cdots + a_{k,Q}\sigma_Q \tag{7.24}$$

式中

$$a_{k,q} = \frac{\mathrm{e}^{-\mathrm{j}k|r_\mathrm{T}-r_q|}}{4\pi|r_\mathrm{T}-r_q|}\left[\frac{\mathrm{e}^{-\mathrm{j}k|r_{\mathrm{R}_1}-r_q|}}{4\pi|r_{\mathrm{R}_1}-r_q|}, \cdots, \frac{\mathrm{e}^{-\mathrm{j}k|r_{\mathrm{R}_N}-r_q|}}{4\pi|r_{\mathrm{R}_N}-r_q|}\right]^\mathrm{T} \tag{7.25}$$

式中，k 表示波数；$q = 1, 2, \cdots, Q$。

定义集合 $\mathbb{Q}$ 和 $\mathbb{A}_k$

$$\mathbb{Q} = \{1, 2, \cdots, Q\} \tag{7.26}$$

$$\mathbb{A}_k = \{a_{k,1}, a_{k,2}, \cdots, a_{k,Q}\} \tag{7.27}$$

记 $s_{k,q} = a_{k,q}\sigma_q$，有

$$S_{k,q} = \begin{bmatrix} s_{k,q}(r_{\mathrm{R}_1}) & & & \\ & s_{k,q}(r_{\mathrm{R}_2}) & & \\ & & \ddots & \\ & & & s_{k,q}(r_{\mathrm{R}_N}) \end{bmatrix}_{N \times N} \tag{7.28}$$

类似地，通过式（7.12）得到第 q 个散射点目标的中间成像结果

$$\sigma_{\mathrm{T}_{k,q}} = \boldsymbol{\Phi}_{\mathrm{T}_k}\boldsymbol{\Phi}_{\mathrm{R}_k}S_{k,q}\boldsymbol{w} \tag{7.29}$$

注意，上式仍为向量形式。

假定发射阵列固定，通过求解式（7.19），得到稀疏接收阵元权重 $\boldsymbol{w}$，有

$$\left\|\sum_k\sum_{r_\mathrm{T}}\sum_{q=1}^Q [\boldsymbol{\Phi}_{\mathrm{T}_k}\boldsymbol{\Phi}_{\mathrm{R}_k}S_{k,q}(\boldsymbol{w}_\mathrm{ref} - \boldsymbol{w})]\right\|_2^2 \leqslant \varepsilon \tag{7.30}$$

定义 $\boldsymbol{w}_\mathrm{diff} = \boldsymbol{w}_\mathrm{ref} - \boldsymbol{w}$，并利用式（7.9）~式（7.12）类似的变换，式

(7.30) 可重写为

$$\left\| \sum_k \sum_{r_T} \sum_{q=1}^Q \sigma_q \boldsymbol{\Phi}_{T_k} \boldsymbol{\Phi}_{R_k} \boldsymbol{W}_{\text{diff}} \boldsymbol{a}_{k,q} \right\|_2^2 \leq \varepsilon \quad (7.31)$$

式中

$$\boldsymbol{W}_{\text{diff}} = \begin{bmatrix} w_{\text{ref}}(1) - w(1) & & \\ & \ddots & \\ & & w_{\text{ref}}(N) - w(N) \end{bmatrix} \quad (7.32)$$

在近场，根据相干积累成像原理[12]，对于任意的 $\boldsymbol{a}_{k,i} \in \mathbb{A}_k$ 与 $\boldsymbol{a}_{k,j} \in \mathbb{A}_k$，近似满足下列关系

$$\langle \boldsymbol{a}_{k,i}, \boldsymbol{a}_{k,j} \rangle \approx 0 \quad (7.33)$$

因此，对于任何子集 $\mathbb{A}_{\text{sub}} \subseteq \mathbb{A}_k$ 与 $\mathbb{Q}_{\text{sub}} \subseteq \mathbb{Q}$，有

$$\left\| \sum_k \sum_{r_T} \sum_{i \in \mathbb{Q}_{\text{sub}}} \sigma_i \boldsymbol{\Phi}_{T_k} \boldsymbol{\Phi}_{R_k} \boldsymbol{W}_{\text{diff}} \boldsymbol{a}_{k,i} \right\|_2^2 \leq \left\| \sum_k \sum_{r_T} \sum_{q=1}^Q \sigma_q \boldsymbol{\Phi}_{T_k} \boldsymbol{\Phi}_{R_k} \boldsymbol{W}_{\text{diff}} \boldsymbol{a}_{k,q} \right\|_2^2 \leq \varepsilon \quad (7.34)$$

式 (7.34) 可以重写为

$$\left\| \sum_k \sum_{r_T} \sum_{i \in \mathbb{Q}_{\text{sub}}} [\boldsymbol{\Phi}_{T_k} \boldsymbol{\Phi}_{R_k} \boldsymbol{S}_{k,i} (\boldsymbol{w}_{\text{ref}} - \boldsymbol{w})] \right\|_2^2 \leq \varepsilon \quad (7.35)$$

定义

$$\boldsymbol{\sigma}'_{\text{ref}} = \sum_k \sum_{r_T} \sum_{i \in \mathbb{Q}_{\text{sub}}} \boldsymbol{\Phi}_{T_k} \boldsymbol{\Phi}_{R_k} \boldsymbol{S}_{k,i} \boldsymbol{w}_{\text{ref}} \quad (7.36)$$

$$\boldsymbol{B}' = \sum_k \sum_{r_T} \sum_{i \in \mathbb{Q}_{\text{sub}}} \boldsymbol{\Phi}_{T_k} \boldsymbol{\Phi}_{R_k} \boldsymbol{S}_{k,i} \quad (7.37)$$

式中，$\boldsymbol{\sigma}'_{\text{ref}}$ 表示参考阵列对任意子集 $\mathbb{Q}_{\text{sub}} \subseteq \mathbb{Q}$ 构成的点目标成像结果。

最终，式 (7.35) 可以写成

$$\| \boldsymbol{\sigma}'_{\text{ref}} - \boldsymbol{\sigma}'_{\text{sparse}} \|_2^2 \leq \varepsilon \quad (7.38)$$

式中，$\boldsymbol{\sigma}'_{\text{sparse}} = \boldsymbol{B}' \boldsymbol{w}$ 表示优化得到的稀疏阵列对上述任意子集目标的成像结果。

因此，对于参考成像模式子集中的任意目标组合，生成的稀疏阵列和参考阵列的成像结果之间满足关系式 (7.38)，从而证明了本章所研究的参考目标设置方式的有效性。

参 考 文 献

[1] 赵晓雯. 稀布阵列天线的压缩感知和入侵杂草优化算法研究 [D]. 北京：中国科学院国家空间科学中心，2016.

[2] Leahy R, Jeffs B. On the design of maximally sparse beamforming arrays [J]. IEEE Transactions on Antennas and Propagation, 1991, 39 (8): 1178 – 1187.

[3] Kumar B, Branner G. Generalized analytical technique for the synthesis of unequally spaced arrays with linear planar cylindrical or spherical geometry [J]. IEEE Transactions on Antennas and Propagation, 2005, 53 (2): 621 – 634.

[4] Donelli M, Martini A, Massa A. A hybrid approach based on PSO and Hadamard difference sets for the synthesis of square thinned arrays [J]. IEEE Transactions on Antennas and Propagation, 2009, 57 (8): 2491 – 2495.

[5] Yang S, Liu B, Hong Z, et al. Low – Complexity Sparse Array Synthesis Based on Off – Grid Compressive Sensing [J]. IEEE Antennas and Wireless Propagation Letters, 2022, 21 (12): 2322 – 2326.

[6] Zhuge X, Yarovoy A G. Near – field ultra – wideband imaging with two – dimensional sparse MIMO array [C]. Proceedings of the Fourth European Conference on Antennas and Propagation. IEEE, 2010: 1 – 4.

[7] Zhuge X, Yarovoy A G. A sparse aperture MIMO – SAR – based UWB imaging system for concealed weapon detection [J]. IEEE Transactions on Geoscience and Remote Sensing, 2010, 49 (1): 509 – 518.

[8] Zhuge X, Yarovoy A G. Study on two – dimensional sparse MIMO UWB arrays for high resolution near – field imaging [J]. IEEE Transactions on Antennas and Propagation, 2012, 60 (9): 4173 – 4182.

[9] Cheng Q, Liu Y, Zhang H, et al. A generic spiral MIMO array design method for short – range UWB imaging [J]. IEEE Antennas and Wireless Propagation Letters, 2020, 19 (5): 851 – 855.

[10] Gonzalez – Valdes B, Allan G, Rodriguez – Vaqueiro Y, et al. Sparse array optimization using simulated annealing and compressed sensing for near – field millimeter wave imaging [J]. IEEE Transactions on Antennas and Propagation, 2013, 62 (4): 1716 – 1722.

[11] Yang B, Zhuge X, Yarovoy A, et al. UWB MIMO antenna array topology design using PSO for through dress near – field imaging [C]. In 2008 38th European Microwave Conference, 2008: 1620 – 1623.

[12] Kay S M. Fundamentals of statistical signal processing: estimation theory [M]. Prentice – Hall, Inc., 1993.

[13] Candès E J, Wakin M B. An introduction to compressive sampling [J]. IEEE Signal Processing Magazine, 2008, 25 (2): 21 – 30.

[14] Candes E J, Tao T. Decoding by linear programming [J]. IEEE Transactions on Information Theory, 2005, 51 (12): 4203 – 4215.

[15] Candes E J, Wakin M B, Boyd S P. Enhancing sparsity by reweighted l_1 minimization [J]. Journal of Fourier Analysis and Applications, 2008, 14 (5): 877 – 905.

[16] Huang Z X, Cheng Y J, Yang H N. Synthesis of Sparse Near – Field Focusing Antenna Arrays With Accurate Control of Focal Distance by Reweighted l_1 Norm Optimization [J]. IEEE Transactions on Antennas and Propagation, 2021, 69 (5): 3010 – 3014.

[17] Grant M, Boyd S. CVX: Matlab software for disciplined convex programming, version 2.1. 2014.

[18] Huang Z X, Cheng Y J. Near – field pattern synthesis for sparse focusing antenna arrays based on Bayesian compressive sensing and convex optimization [J]. IEEE Transactions on Antennas and Propagation, 2018, 66 (10): 5249 – 5257.

[19] Turnbull D H, Foster F S. Beam steering with pulsed two – dimensional transducer arrays [J]. IEEE transactions on ultrasonics, ferroelectrics, and frequency control, 1991, 38 (4): 320 – 333.

[20] Karimkashi S, Kishk A A. Focused microstrip array antenna using a Dolph – Chebyshev near – field design [J]. IEEE Transactions on Antennas and Propagation, 2009, 57 (12): 3813 – 3820.

[21] Hawes M B, Liu W. Compressive sensing - based approach to the design of linear robust sparse antenna arrays with physical size constraint [J]. IET Microwaves, Antennas & Propagation, 2014, 8 (10): 736 – 746.

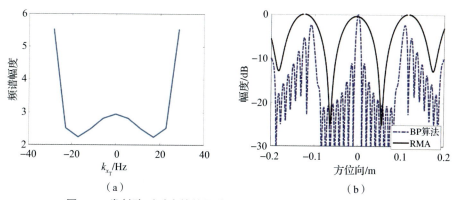

图 2.9 发射阵列对应的补零前近场空间频谱与单程近场波束图

(a) 近场空间频谱; (b) 单程近场波束图

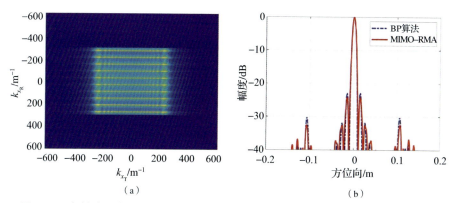

图 2.14 发射阵列维度补零与频谱截断后的 MIMO 空间频谱分布及近场成像结果

(a) MIMO 空间频谱分布; (b) 近场成像结果

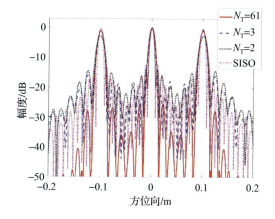

图 2.17 具有不同欠采样单元的直线 MIMO 阵列成像结果对比

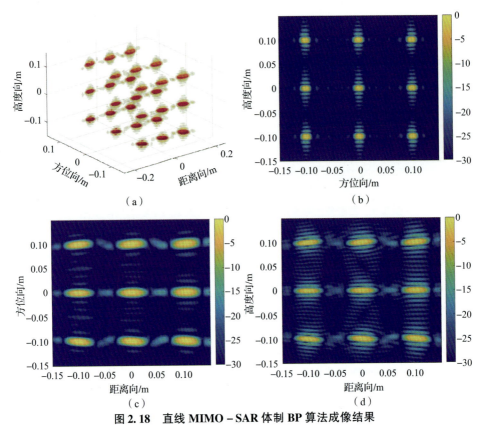

图 2.18 直线 MIMO-SAR 体制 BP 算法成像结果

(a) 三维成像结果;(b) 方位向-高度向切面;(c) 距离向-方位向切面;(d) 距离向-高度向切面

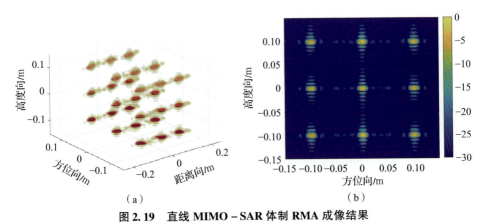

图 2.19 直线 MIMO-SAR 体制 RMA 成像结果

(a) 三维成像结果;(b) 方位向-高度向切面

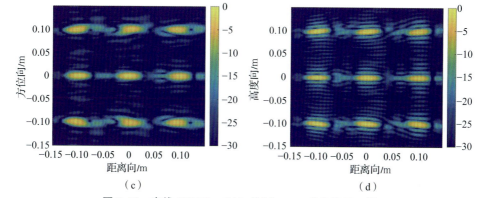

图 2.19 直线 MIMO – SAR 体制 RMA 成像结果（续）

(c) 距离向 – 方位向切面；(d) 距离向 – 高度向切面

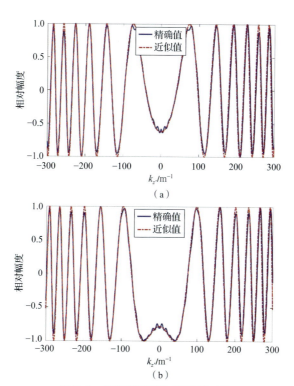

图 3.2 卷积精确值与近似值对比

(a) 实部对比结果；(b) 虚部对比结果

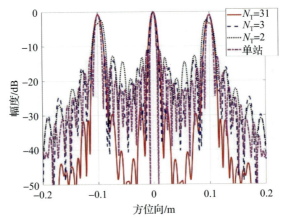

图 3.6 弧线 MIMO 阵列不同欠采样单元成像结果对比

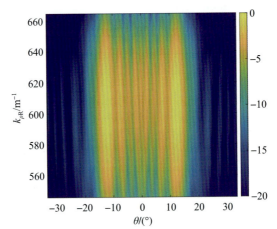

图 3.8 解卷积之后点目标的频谱（补零）

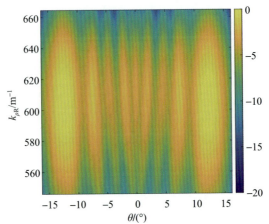

图 3.9 解卷积之后点目标的频谱（补零加范围截取）

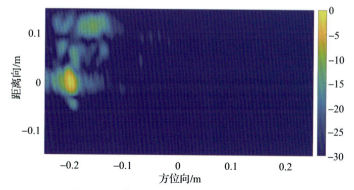

图 3.10 点目标二维成像结果（未补零）

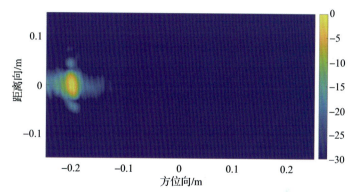

图 3.11 点目标二维成像结果（补零）

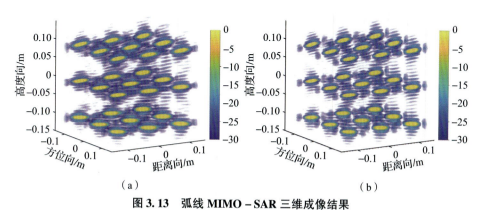

(a) (b)

图 3.13 弧线 MIMO–SAR 三维成像结果

(a) 波数域算法三维成像结果；(b) BP 算法三维成像结果

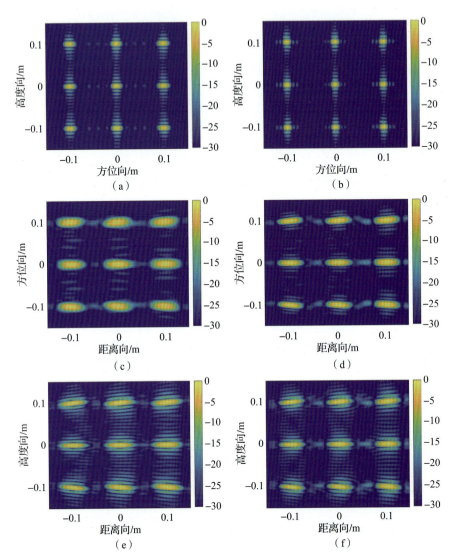

图 3.14 弧线 MIMO–SAR 二维切面成像结果

(a) 波数域算法方位向–高度向切面；(b) BP 算法方位向–高度向切面；
(c) 波数域算法距离向–方位向切面；(d) BP 算法距离向–方位向切面；
(e) 波数域算法距离向–高度向切面；(f) BP 算法距离向–高度向切面

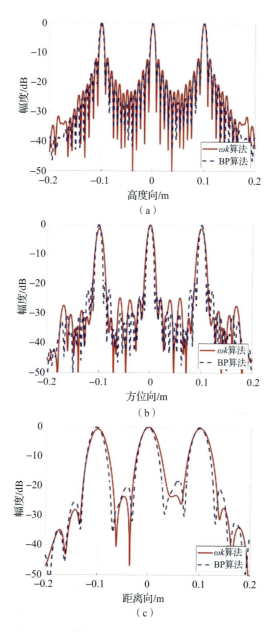

图 3.15 弧线 MIMO-SAR 一维切面成像结果

(a) 高度向切面成像结果；(b) 方位向切面成像结果；(c) 距离向切面成像结果

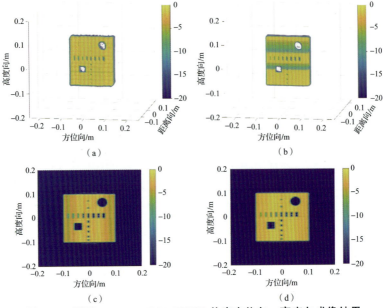

图 3.17 弧线 MIMO–SAR FEKO 仿真方位向–高度向成像结果

(a) 波数域算法三维成像结果;(b) BP 算法三维成像结果;
(c) 波数域算法方位向–高度向切面;(d) BP 算法方位向–高度向切面

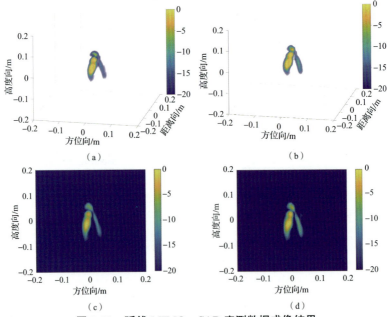

图 3.20 弧线 MIMO–SAR 实测数据成像结果

(a) 波数域算法三维成像结果;(b) BP 算法三维成像结果;
(c) 波数域算法方位向–高度向切面;(d) BP 算法方位向–高度向切面

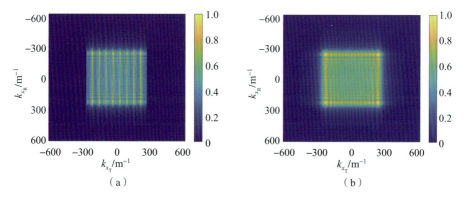

图 5.9 MIMO 阵列截断的原始频谱与数据填充后的二维空间频谱

(a) 截断的原始频谱；(b) 数据填充后的频谱

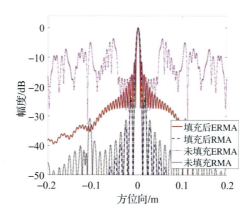

图 5.10 MIMO – RMA 与 ERMA 的近场成像结果对比

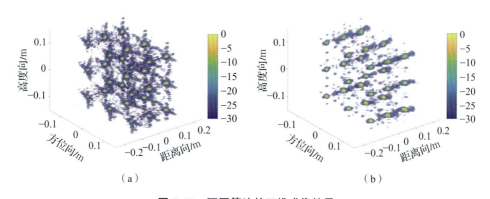

图 5.11 不同算法的三维成像结果

(a) ERMA 三维成像结果；(b) RMA 三维成像结果

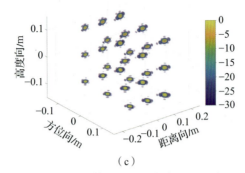

（c）

图 5.11 不同算法的三维成像结果（续）

（c）BP 三维成像结果

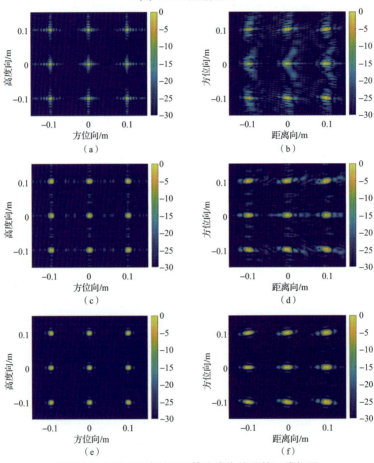

图 5.12 MIMO 阵列不同算法成像结果的二维切面

（a）ERMA 成像方位向 – 高度向切面；（b）ERMA 成像距离向 – 方位向切面；
（c）RMA 成像方位向 – 高度向切面；（d）RMA 成像距离向 – 方位向切面；
（e）BP 成像方位向 – 高度向切面；（f）BP 成像距离向 – 方位向切面

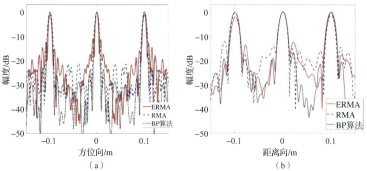

图 5.13　不同算法一维成像结果对比

（a）方位向成像结果对比；（b）距离向成像结果对比

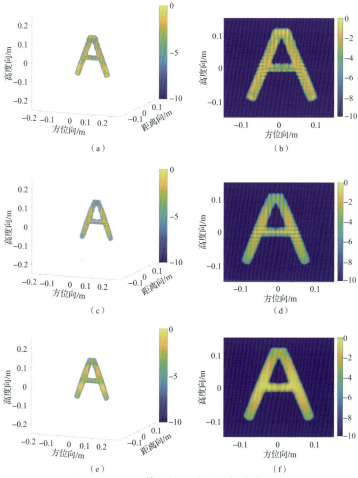

图 5.15　不同算法的 A 字形目标成像结果

（a）ERMA 三维成像结果；（b）ERMA 成像方位向 – 高度向切面；（c）RMA 三维成像结果；
（d）RMA 成像方位向 – 高度向切面；（e）BP 算法三维成像结果；（f）BP 算法成像方位向 – 高度向切面

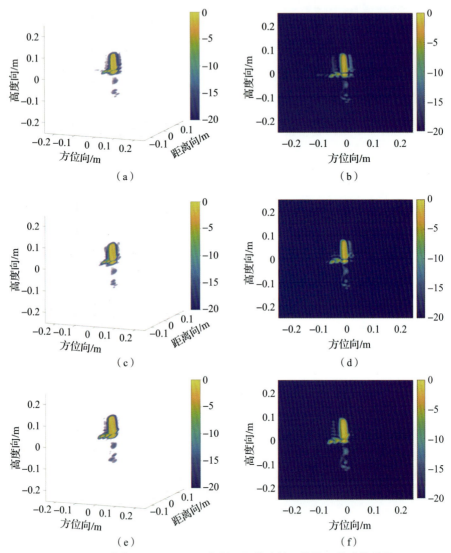

图 5.18 直线 MIMO-SAR 体制不同算法的三维及二维成像结果

(a) ERMA 三维成像结果;(b) ERMA 二维成像结果;
(c) RMA 三维成像结果;(d) RMA 二维成像结果;
(e) BP 算法三维成像结果;(f) BP 算法二维成像结果

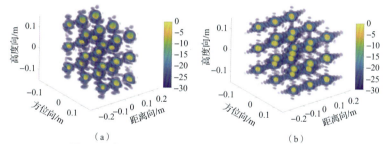

图6.4 柱面MIMO阵列不同算法三维成像结果

(a) 柱面波数域算法成像结果;(b) BP算法成像结果

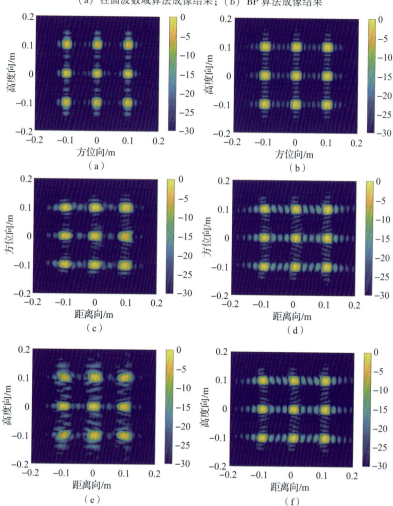

图6.5 柱面MIMO成像结果二维切面

(a) 波数域算法方位向–高度向切面;(b) BP算法方位向–高度向切面;(c) 波数域算法距离向–方位向切面;(d) BP算法距离向–方位向切面;(e) 波数域算法距离向–高度向切面;(f) BP算法距离向–高度向切面

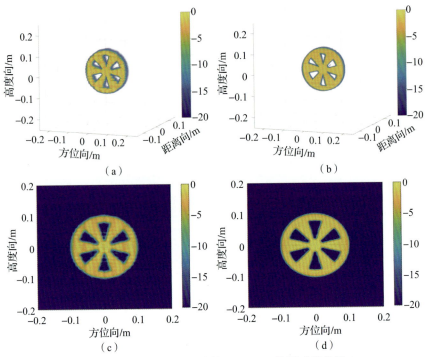

图 6.8 基于 gprMax 的柱面 MIMO 阵列成像结果

(a) 波数域算法三维成像结果；(b) BP 算法三维成像结果；
(c) 波数域算法方位向 – 高度向成像结果；(d) BP 算法方位向 – 高度向成像结果

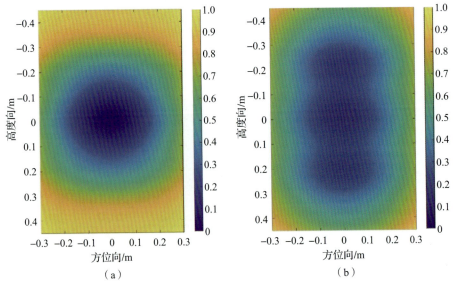

图 6.12 总阵中心补偿与子阵中心补偿平均残余误差

(a) 总阵中心补偿；(b) 子阵中心补偿

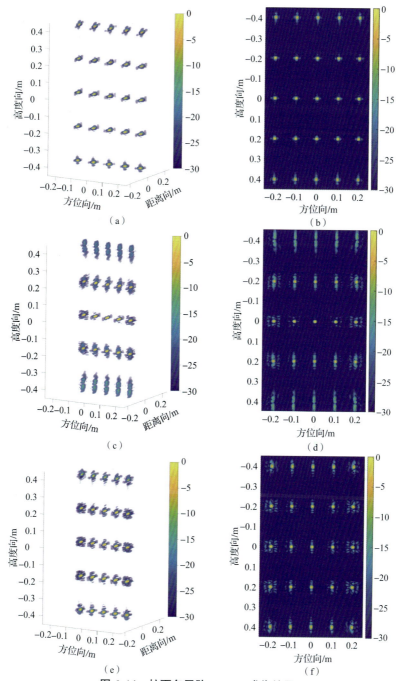

图 6.14 柱面多子阵 MIMO 成像结果

(a) BP 算法三维成像结果；(b) BP 算法方位向 – 高度向切面；(c) 总阵中心补偿三维成像结果；
(d) 总阵中心补偿方位向 – 高度向切面；(e) 子阵中心补偿三维成像结果；
(f) 子阵中心补偿方位向 – 高度向切面

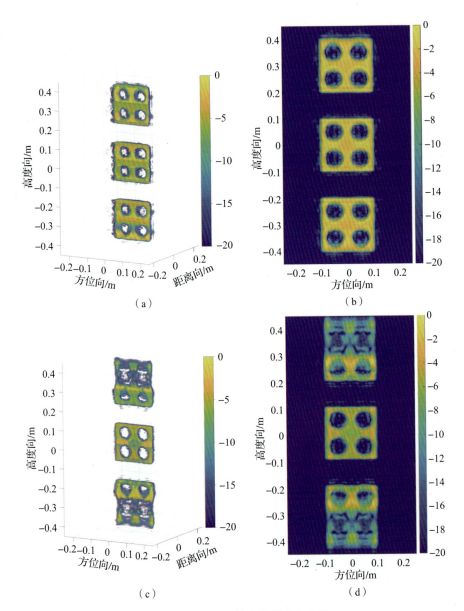

图 6.18 gprMax 仿真数据成像结果

(a) BP 算法三维成像结果;(b) BP 算法方位向 – 高度向切面;
(c) 总阵中心补偿三维成像结果;(d) 总阵中心补偿方位向 – 高度向切面

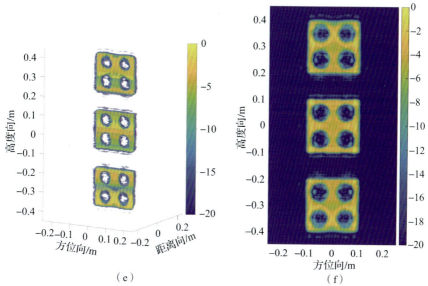

(e) (f)

图 6.18　gprMax 仿真数据成像结果（续）

(e) 子阵中心补偿三维成像结果；(f) 子阵中心补偿方位向 – 高度向切面

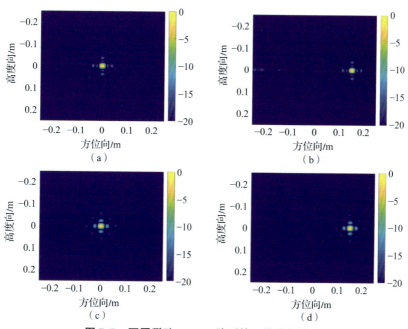

图 7.7　不同稀疏 MIMO 阵列的二维成像结果

(a) 生成稀疏阵列中心目标成像结果；(b) 生成稀疏阵列边缘目标成像结果；
(c) 曲线阵列中心目标成像结果；(d) 曲线阵列边缘目标成像结果

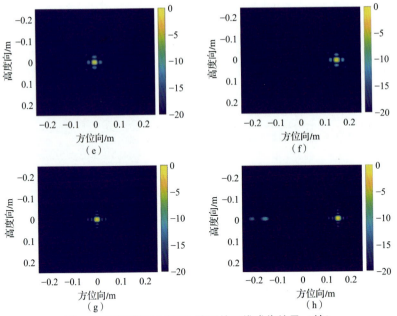

图 7.7　不同稀疏 MIMO 阵列的二维成像结果（续）
（e）螺旋阵列中心目标成像结果；（f）螺旋阵列边缘目标成像结果；
（g）等间距稀疏阵列中心目标结果；（h）等间距稀疏阵列边缘目标结果

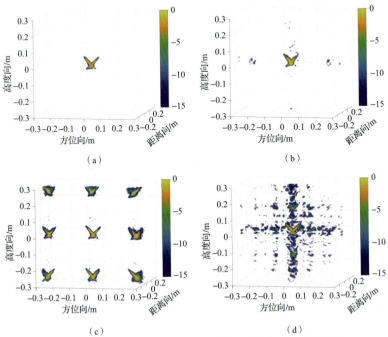

图 7.13　不同 T 字形 MIMO 阵列的 BP 算法三维成像结果
（a）满阵列；（b）生成的稀疏阵列；（c）等间距稀疏阵列；（d）随机稀疏阵列

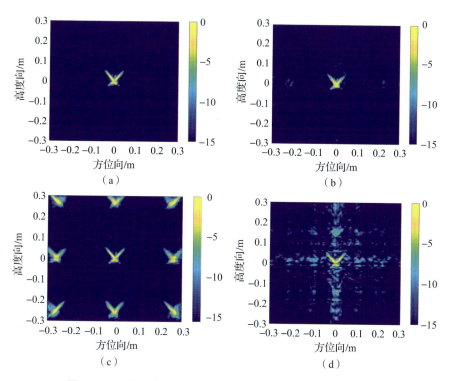

图 7.14 不同 T 字形 MIMO 阵列沿距离维的最大值投影结果
(a) 满阵列；(b) 生成的稀疏阵列；
(c) 等间距稀疏阵列；(d) 随机稀疏阵列